服装成衣设计

主　编　廖小丽　王永健
副主编　张纪文　谢秀红　和　健　许景森
参　编　林　兰　莫许光　李高成　朱新民
陈改梅　毛燕晖　李　红　周夏妮

Fuzhuang Chengyi Sheji

北京师范大学出版集团
BEIJING NORMAL UNIVERSITY PUBLISHING GROUP
北京师范大学出版社

图书在版编目(CIP)数据

服装成衣设计/廖小丽，王永健主编. —北京：北京师范大学出版社，2010.8
ISBN 978-7-303-11168-8

Ⅰ. ①成… Ⅱ. ①廖… ②王… Ⅲ. ①服装—设计 Ⅳ. ①TS941.2

中国版本图书馆CIP数据核字（2010）第126657号

出版发行：北京师范大学出版社 www.bnup.com.cn
北京新街口外大街19号
邮政编码：100875
印　　刷：北京画中画印刷有限公司
经　　销：全国新华书店
开　　本：184 mm × 260 mm
印　　张：9.5
字　　数：202千字
版　　次：2010年8月第1版
印　　次：2010年8月第1次印刷
定　　价：25.00元

策划编辑：周光明　　责任编辑：周光明
美术编辑：高　霞　　装帧设计：华鲁印联
责任校对：李　菡　　责任印制：李　丽

前言

在日常的教学过程中，曾有许多学生不断地问：老师，我们要在学校学到一些什么专业技能，这些专业技能又能达到一个什么程度，我们怎样才能在社会上找到属于自己的位置，并能得以可持续发展？这是一个没有标准答案的问题，我只能说，除了良好的专业基础、过硬的专业技能、优秀的沟通技巧和宽泛的知识以外，还要具有良好的团队合作精神和永不言败却又平和的心态。

随着国内成衣业的发展，中国逐渐成为全球成衣供应的重要基地，国内开设有成衣设计课程的相关服装专业的院校日益增多，调查显示，高校教学的成衣设计普遍缺乏适用性、可操作性强的教材与参考书籍。

这本教材的特色十分鲜明，在教学内容的选择和编排上，以成衣企业设计、生产实际工作过程或任务的实现为参照来组织与安排；在编写方法上，以鲜活的设计案例贯穿全书，教材由具有实践教学经验，企业实践工作经验的教师来编写，尤其注重吸纳企业生产一线的设计师参与编写，提供第一手的企业设计素材，如在成衣产品案例实战章里，选用了一个成功的企业产品设计案例，借此来阐述成衣产品的开发设计过程和相关知识，列出这个案例，目的在于让还未走出校门的学子能有机会对企业产品的实际设计开发过程有所了解，从而确保教材内容与企业生产实际的紧密配合。教材内容贴近生产，贴近技术，贴近工艺，操作性强，且图文并茂，深入浅出，具有很强的实用性和针对性。

本书由广东女子职业技术学院廖小丽老师，广东女子职业技术学院廖小丽、王永健任主编，河南科技学院张纪文老师、以及和健、谢秀红老师广州铭利服装有限公司设计师许景森任副主编，许景森提供 Zee man 女装品牌产品设计案例全套资料。另外华南农业大学林兰、佛山市东立鳌云职业技术学院莫许光、广州南洋理工职业学院李高成、广东涉外经济职业技术学院朱新民、广州华立高级技工学校陈改梅以及毛燕晖、李红、周夏妮参加编写。还有为本书提供作品的广大优秀的毕业生，在此一一对他们表示感谢！

由于成衣业在国内的迅速发展，本书在编写过程中直观的参考资料的更新也在发生变化，加之编者水平有限，本书疏漏之处在所难免，恳请各地师生及服装爱好者在使用的过程中多提宝贵意见。

编　者
2010.5

目 录

第一单元　成衣设计基础

知识目标：

1. 了解成衣设计的基本知识与演变历史；
2. 了解成衣设计师所具备的知识结构与能力结构；
3. 了解流行趋势在成衣设计中所起的作用；
4. 了解流行色、纱线、面料、款式形成规律。

能力目标：

1. 具备利用成衣设计相关理论知识完成成衣产品设计的能力；
2. 具备利用流行趋势相关知识进行成衣产品设计的能力。

一、成衣设计概述

1. 成衣设计基本知识

(一)成衣的定义

成衣是指依据号型成批量生产的各种规格的服装。成衣设计以消费者为对象，重点考虑消费者的着装需要，考虑其实用性、商业性和美观性，并考虑大量生产所涉及的工艺流程成本等。

(二)成衣产品的特点

(1)成衣产品的规格化

成衣产品的号型均来自于国家标准号型，我国的号型标准把人体分为四类，即Y型、A型、B型和C型，顾客可根据自己的体形和身高挑选服装。

(2)成衣生产机械化

成衣厂家必备各种现代化的服装机械设备。生产机械化会使产量大幅度提高，产品质量标准也更加统一规范。产量和质量的提高，使服装的成本也随之下降，而零售价格不高，从而得到更大的消费市场。

(3)成衣款式大众化

成衣是批量生产的，设计师要考虑大多数人的审美心理、消费心理及对流行的接受程度，款式设计不能过于新潮和个性化。

目前国内普通成衣生产企业一般分为内销服装企业和外销服装企业。

内销服装企业：这是目前我国数量最多的一类服装企业，它们面对的目标市场是国内市场，其营销路线是：厂家—批发商(可能有几级批发)—零售商—消费者。其产品特点是：大众化且具有时尚感，产品生命周期较短，价格一般为中低档，消费群占80%以上的工薪阶层。内单普通成衣的设计特点是：服装流行元素多，式样变化快，成本低，易进行流水线生产。

外销服装企业：这类服装企业的目标市场是国外服装批发市场。外单生产有两种形式：一种是单纯加工形式，服装款式、面料、工艺要求等均由外商提供，生产企业仅负责工艺师打板、推板及组织生产等工作，加工数量和规格的确定也均按订单要求进行；另一种是根据外商提出的产品类型，由厂方设计与其风格、价位、规格等相似的样品，由外商挑选后下单，再组织批量生产。

虽然各个国家的服装有着鲜明的特点，但总的来说，外销服装一般都成本较低，面料一般，生产数量较大，周期较长。但外销经济发达国家的外单对加工质量要求较高，比较强调面料的环保特性。

外销服装企业的经营路线是：外商下单一组织样品生产一看样订货一批量生产一外商质检一交货。

(三)成衣的分类

成衣按市场定位与消费取向的差别，可以将其分为：

(1)高级成衣

高级成衣是随着高级时装市场的萎缩和服装工业化生产的兴起而出现的，高级时装公司的设计师将原来象牙塔般地位崇高的高级时装加以再设计，转化为相对易于工业化生产的形式，从而进行小批量加工的产品，即为高级成衣，它既保持了高级时装的设计精髓与风貌，又因其价格大大低于高级时装而广受青睐。如图 1.1 所示。

(2)品牌成衣

品牌成衣的消费对象是针对大多数中等收入以上的阶层，品牌成衣为成衣市场的主流，其生产批量适中，一般来讲做工精致、风格多样、规格齐全、价格适度。品牌成衣是以其鲜明的风格定位去博得某一固定层面的市场消费群的芳心。如图 1.2 所示。

图 1.1　balenciaga 2009 春夏巴黎高级成衣

图 1.2　品牌成衣以其鲜明的风格定位博得市场消费群的信赖

(3)大宗成衣

大宗成衣是指款式相对稳定，大批量工业化生产的衬衫、裤子、内衣等类型的服装，其特点是款式变化小，设计要求低，批量要求大。低成本、高品质、物美价廉为其占有市场的重要竞争因素。

2. 成衣设计的人体工学要求

在成衣设计中，人体工程学的研究有助于成衣设计师部分地解决成衣着装舒适性问题，没有了人体工程学的支持，服装的舒适性就无从谈起。

从标准人体的侧面可以看到，女人体的胸部凸出，为了保持人体的平衡，肩胛凸比男人体大(如图 1.3)，因此在女装设计中经常看到有肩省的设计，但男装有追求内涵的特点，在男装中运用归拔或其他工艺已能满足设计要求，所以男装休闲装一般没有肩省。男人体比较平直、粗壮，外观呈 H 形。而女人体柔美，外观呈 S 形，人体的变化曲度较大，为了使成衣合体，必然应用大量省和褶的设计(如图 1.4)。人体的生理特征使男装成衣设计比较注重内在稳重，例如，面料的选择、加工工艺以及微妙的外形变化，而女装设计比较注重外在特点，服装外形大起大落，流行趋势的变化比男装大，因此省和褶的设计，是女装成衣设计的灵魂。

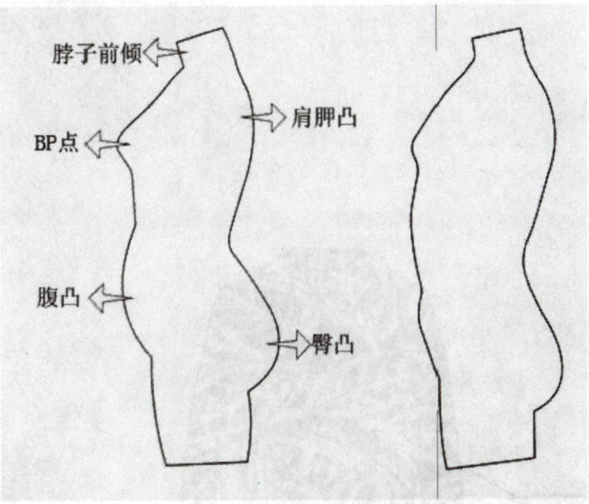

图 1.3　呈现 S 形的女人体侧面和呈现 H 形的男人体侧面

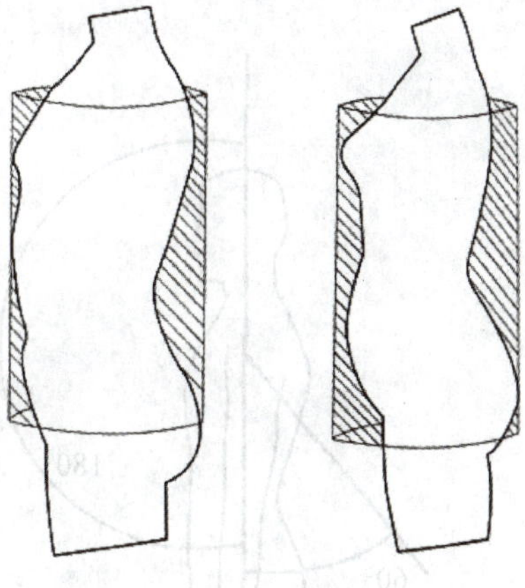

图 1.4　女人体、男人体生理特征不同，在成衣设计中设计的侧重点也各异

把人体站立的时候定为 0 度，向前运动可以达到 80 度，向后运动达到 30 度，人体日常运动多为向前运动，成衣后片的设计量比前片大。在礼服衬衫和休闲衬衫下摆的设计中，经常采用前短后长的设计方式，避免衬衫下摆在人体的运动中跑出裤腰。日常生活中，人们手臂向前面运动较多，向后运动较少，在衬衫的后过肩经常有活褶的设计(如图 1.5)。

在比较紧身的西装设计中，为了符合人体的工程学，使活动方便，里子的中缝也常采用活褶的设计。

人体的手臂平行向上举可以达到 180 度，平行向后运动可达到 60 度，在紧身插肩袖的设计中，腋下加进了插片的设计，目的是为了保证人体基本活动的需求(如图 1.6)。

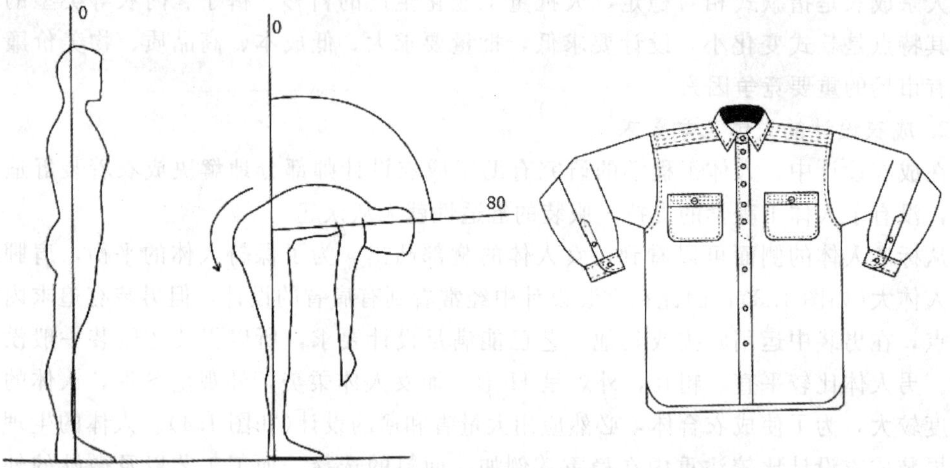

图 1.5　人体运动幅度是成衣设计中必须考虑的因素

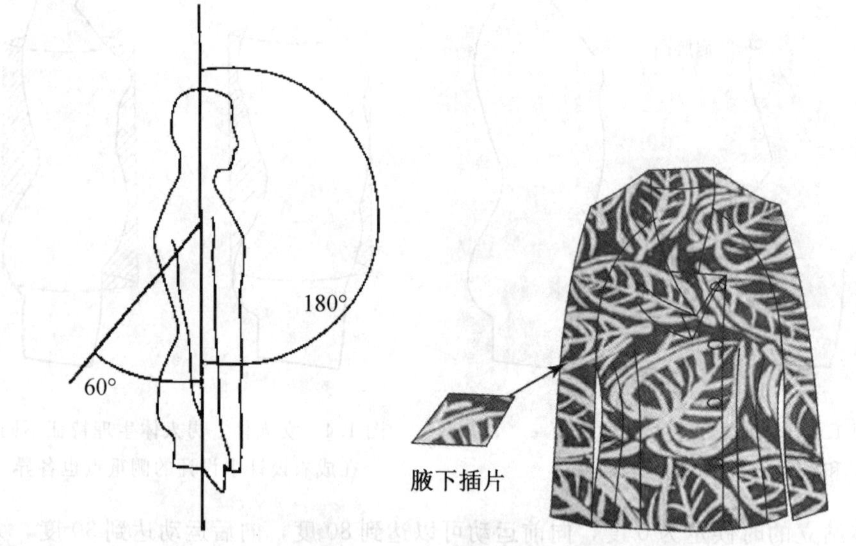

图 1.6　人体运动幅度是成衣设计中必须考虑的因素

人体平直侧向运动可以达到 35°，侧扭活动可以达到 45°，为了保证人体的活动，在紧身连衣裙的纸样设计中，上身衣片的原形和裙子的原形间要保证至少 2cm 的活动(如图 1.7)。

男女人体肩部在平直状态下，肩斜线与水平线之间的角度男人体与女人体各有不同，女人体为 20 度，男人体为 21 度。从这个意义上讲，男人体的肩斜比女人体大，同样是 H 型的男装和女装设计，所采用的垫肩也各不相同。

在人体垂直站立、手臂自然下垂的情况下，男、女手臂的弯曲程度各不相同。男

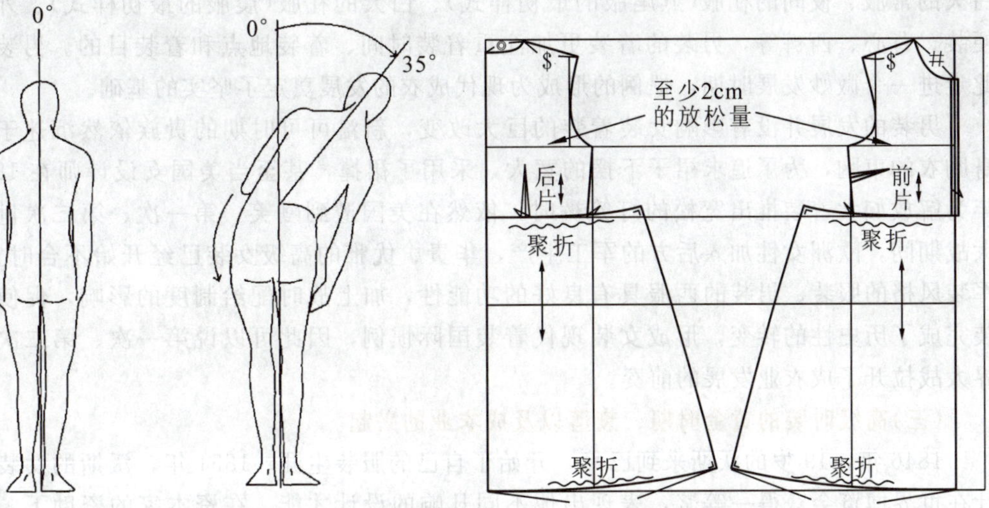

图 1.7 人体运动幅度是成衣设计中必须考虑的因素

人体手臂的弯曲距离为 6.8cm，女人体手臂的弯曲距离为 6cm，即男人体的手臂比女人体的手臂弯曲大。许多成衣设计师在设计中往往根据男人体与女人体的特点，在男装袖子的设计中保留了肘省的设计。

成衣设计必须考虑市场和社会需求、成本的高低、着装的礼仪场合、制作工艺的要求、穿着者的年龄、品牌特征等，设计师的设计稿不是最后的产品，还需根据纸样进行修改，当成衣卖出时，设计的价值才真正体现出来。

3. 成衣设计的发展与演变

(一) 工业革命对服装的影响

17 世纪的欧洲是一个动荡和变化的欧洲，荷兰率先建立了资本主义国家，随后英国人也步入资本主义社会。工业革命在 18 世纪产生于英国，随着一连串与纺织业有关的机械发明和化学工业的发展与进步，纺织业发展进入历史发展的快车道，以前所未有的速度在英国蔓延开。1845 年，法国人发明了可移动链式线迹缝纫机并生产出每分钟可缝 200 针的金属缝纫机。1852 年，法国人在拿破仑三世政策的推动下，以短短的时间使得法国完成了工业革命。

1850—1870 年，科学技术飞速发展，特别是有机化学和化学染料的问世，色彩多样、廉价的服装面料极大地丰富了人们的生活。1863 年，美国人巴塔利克开始出售纸样，使流行服装的样式从宫廷走向民间。

服装流行一向是上流社会的专利，无论是哥特时期、拜占庭时期、文艺复兴时期、巴洛克时期还是新洛可可时期，服装成为少数人地位和身份的标志，造就了宫廷式服装炫耀和华贵的特点。工业革命的产业化，使服装从原来传统方式向规模化、规格化和高度分工转变。

(二)成衣业发展的前奏——着装国际惯例的形成

随着男人较早地参与社会经济各个层面而社交活动的增多，对男装的审美和要求也慢慢地改变，男装在新洛可可时期奠定了现代男装的着装国际惯例。男装演变成为白天的常服、夜间的礼服（燕尾服的最初样式）、白天的礼服（晨服的最初样式）、外出便装、背心、西裤等，男装的着装更加注重着装时间、着装地点和着装目的。男装从此走进一个微妙发展时期，惯例的形成为现代成衣的发展奠定了坚实的基础。

男装的发展并没有影响女装着装的巨大改变，新洛可可时期的贵族依然沉迷于紧身胸衣的束胸，为了追求裙子下摆的宽大，采用了裙撑，甚至当美国女设计师在1851年为解放妇女着装推出宽松的灯笼裤时，依然在美国遭到嘲笑。第一次、第二次世界大战期间，欧洲女性加入后方的军工生产，华贵、优雅的高级女装已经开始不合时宜，军装风格的服装、男装的西服具有良好的功能性，加上战时配给制度的影响，促使女装完成了历史性的转变，形成女装现代着装国际惯例，因此可以说第一次、第二次世界大战拉开了成衣业发展的前奏。

（三）高级时装的黄金时期、衰落以及成衣业的兴起

1846年，19岁的沃斯来到巴黎，开始了自己的服装生涯。1851年，沃斯的女装设计在世界博览会获得一等奖，表现出他不同凡响的设计才能。在资本家的资助下，他开办了自己的服装店。至1867年，沃斯店已拥有1200多名职员并向全世界出售服装。沃斯的成功对许多设计师来说是一个启发，随后逐渐在巴黎形成了以上流社会顾客为对象的高级时装业。高级时装在20世纪50年代达到巅峰状态，巴黎普遍设立了强调传统缝制技术的工作室，与高级时装相配套的产业逐渐完善。高级时装的创作凝聚着设计师的心血，体现出艺术的特点，其创作从不考虑该用多少面料、成本的花费是多少，设计师所追求的只是唯美的效果。

在高级时装蓬勃发展的同时，成衣产业也逐渐发展，1954年已出现了成衣的词语和概念，前卫设计师敏锐地看到成衣业对高级时装所带来的冲击。

高级时装的衰落与成衣业的兴起与欧洲当时社会人口结构的改变有着直接关系。第二次世界大战后生育浪潮中出生的一代，处在经济高速发展时期。相对缺少父母的关爱，对一成不变、追求物质享乐的生活感到厌倦和失望，追求异国情趣和东方宗教的极乐世界。20世纪50年代中期，美国的“避世派”运动揭开了“年轻风暴”的序幕，称自己为被击败、压抑的一代，烦躁不安的年轻人不断地与现实社会对抗。以英国为例，20世纪60年代15—19岁的年轻人约占全国人口的10%，在服装市场的整体购买力约占50%，以年轻人为主导的消费改变了服装市场的整体格局，成衣业的设计师以流行、创新来迎合年轻人的需求。成衣与高级时装相比其生命周期较短，更加注重流行趋势的运用，价格较低，完美的裁剪被视为次要的要素，它更注重工业化的大生产。

（四）国际性大合作的成衣时代

随着全球经济一体化，成衣业面临着一系列变革，它是一个流动性大、劳动密集型、国际性的行业。自1960年起，欧洲以及美国的成衣工业为了提高自身的竞争力开始把生产线转移到亚洲或者其他低成本地区，一件成衣的产生可能经过负责策划或者产品设计的品牌公司以及市场推广的品牌公司，采购代理和贸易公司在市场中充当着中介的角色，协助不同国家和地区的服装设计、订货、物料采购、生产、流通推广等其他工作。全球成衣供应链的形成迫使成衣业形成高度专业化和生产集约化的特点。

自改革开放以来，我国成衣制造业高速发展，出口总额已超过800亿美元。蓬勃发展的中国成衣业给企业提供了良好的发展机遇，企业需找准自身的优势和定位，或

者融合到全球成衣供应链的环节，或者加强和提高研发力量，运用品牌操作的规律发展高附加值的产品。

二、成衣设计师的职业素质培养

1. 成衣设计师的职场需求

作为成衣设计师首先要热爱艺术、把握流行，再次要有深厚的艺术造诣，扎实的绘画功底。又要有一种理想——创造自己独有的艺术世界，敢为人先的时尚理念，对服装情有独钟，对面、辅料有一种独特的欣赏，具有丰富的市场经验。

(一)成衣设计师应具备扎实的美术基本功

绘画基础与造型能力是服装设计师的基本技能之一。成衣设计中，扎实的美术基础在款式图的绘画中，设计师的设计灵感是抽象的，可以通过效果图把自己的构思表达出来。成衣设计师可通过素描、服饰色彩、平面构成、色彩构成、服饰图案、立体构成等基础训练，加强自身的审美和绘画能力，否则无法准确地表达设计师的设计意图。具有良好的美术基础不等于能够完全驾驭成衣设计，还需要具备更多的服装知识，才能够成为一名成功的成衣设计师。20 世纪初，包豪斯曾经提出“设计的目的是人而不是产品”，特别是服装，本身就是人体的外部覆盖物，与人体有着密切的关系，作为设计师只有对人体比例结构有准确、全面的认识，才能更好地、立体地表达人体之美，这是设计的基础。

(二)成衣设计师应具备深厚的专业知识

服装设计效果图是设计构思的视觉性表达手段之一，而这个设计构思能否实现，还有待于运用具体的面料，通过一定技巧的裁剪、制作工艺来探索其实现的可能性。因此，作为成衣设计师，如果面料的性能、裁剪方法和制作技术等实际操作技能一无所知的话，其构思肯定是不着边际的，经常看到许多设计效果图画得挺美，但实际上不可能做出来的，或者即使勉强做出来也无法穿。事实上，许多设计的技巧，设计的感觉，不在纸面上，而在实际制板、裁剪和缝制的过程中。服装上所谓的“线条”和“造型”，也绝不是纸面上的线和形，而是立体上的三维空间中的线和形，这种感觉只有在三维空间的实际训练中才能提高。无论是巴黎的高级时装设计师，还是一般成衣企业的设计师，除了用绘画的形式表达自己的设计意图外，主要是在立体的衣服造型上来把握设计的。因此，无论是巴黎的高级服装学校，还是日本的文化服装学院，在培养成衣设计人才时，制板、裁剪和制作技术都是必修的主要课程。

熟练掌握和运用服装面料特质是成衣设计师所应具备的重要条件，设计师首先要体会面料的厚薄、软硬、光滑粗涩、立体平滑之间的差异，通过面料不同的悬垂感、光泽感、清透感、厚重感和不同的弹力、垂感等，来悉心体会其间风格和品牌的迥异，并在设计中加以灵活运用。

(三)成衣设计师应具备电脑运用能力

随着电脑技术在设计领域的不断渗透，无论在设计思维和创作的过程中，电脑已经成为成衣设计师手中最有效、最快捷的设计工具，特别是在一些较正规的服装企业中服装 CAD、服装 CAM 等设计、打板、推板软件的运用十分普及，绣花、印花图案等也是靠计算机来完成。成衣设计师要能熟练地运用 PHOTOSHOP、COREDRAW 和 PAINTER 等绘图软件，他们可以方便地编辑、修改和绘制你的图形，拓宽你的设计表现方式、加快设计速度。特别是 PAINTER，其庞大的绘图工具箱、种类繁多的画笔、极具感染力的着色效果和滤色效果可以使你的计算机设计作品魅力非凡、效果更加逼真。计算机作为一种先进、现代的绘图工具，有其丰富的表现力和非凡的潜力，掌握和运用计算机的绘图软件在服装设计和面料、图案设计中，不仅是日常设计工作中的需要，你还可以体会到做一名“现代设计师”的滋味和乐趣。现在很多的公司已经是在用设计软件进行设计了，因此要适应服装行业的发展，CAD、专业绘图设计软件等的技能也是必须掌握的。

(四)成衣设计师应具有合理的知识结构

服装设计的初级阶段是对一些基础技法和技能的掌握，而成功的成衣设计师更重要的是应具备设计的头脑和敏锐的创作思维，只掌握基础技能、能画漂亮的效果图是远远不够的。目前艺术院校服装设计专业都开设有服饰理论课程，学生通过这些课程可以了解中外艺术史、设计史、服装史和服饰美学等理论知识，同时还能开阔学生的眼界、拓宽设计思路，启发他们的设计灵感。除了掌握服装学科的基本理论知识，还应具有较扎实的人文学科和工程技术基础知识，较高的文化艺术素养和较强的审美能力。另外还要有较强的设计质量意识，熟悉国家和管理部门对服装行业发展的方针、政策和法规。我们需要更广泛地获取专业以外的各种信息，比如科技发展的成果、文化的发展动态、各种艺术门类的作品以及存在于文学、哲学、音乐中的反应意识形态的各种思潮和观念等，以此来拓宽知识面，增长见识，博采众长，从中获得更多的启迪进而产生更好的想法。

2. 成衣设计师的综合素质培养

(一)市场第一、个性第二的思维

一些个性强烈的设计师在刚接触品牌设计时显得无所适从，为了改变这种状况，设计师从学习设计开始，就应把自己放在“市场”的角度去思考和审视设计。一名成功的设计师首先应在市场上取得成功，要根据企业的品牌定位规范自己的设计风格和路线。成衣品牌包括设计师品牌和大众品牌，设计师品牌注重品牌的原创性以及个性特点，大众品牌注重品牌的市场操作。当设计师参与到一个品牌的设计中时，往往发现原有的思维已经不适合市场的需求，设计师必须努力适应品牌，而不是让品牌适应设计师。卡尔·拉格费尔曾同时兼任夏耐尔、芬蒂、克罗耶等三家国际著名品牌的首席设计师，在为每个品牌策划设计时，都以该品牌的定位为准则，张扬了 3 种不同品牌风格，被誉为“天才设计师”。

(二)丰富的市场经验

成衣设计师必须具有丰富的市场经验，如：面、辅料市场(本地区内、外面料与辅料的市场)；资料信息市场(时装信息、流行趋势、设计师手稿资料)；成衣市场(品牌、批发与零售)；服饰市场(首饰、配饰、美容护肤等)；生产一线市场(制作、洗水、制衣、整染、印花等)。作为一种产品设计，成衣设计效果的优劣不是靠某位专家来评说的，而是由市场来检验的。因此，成衣服装设计师如果对自己所服务的目标市场一无所知，那将非常危险，因为其设计投产后很可能不被市场认可而造成积压，给企业带

来巨大的经济损失，甚至使之倒闭。设计师应保持自己的个性和独特的设计风格，但这并不等于无视市场的需求。设计师一定要时刻注意把握市场的新动向，在保持自己的设计风格的基础上，一定要站在消费者的立场上，每个细节都经营到位，这样才能在激烈的市场竞争中立于不败之地。成衣设计师要懂服装市场以及品牌运作状况，了解市场营销学与消费心理学，懂得欣赏品牌的优势。向客户学习，因为他们代表一定的消费群体，相信他们的直觉，根据他们的意见，正确地分析、总结与判断。其实，设计师的工作更多时候要紧盯市场变化、不断研究和预测市场流行，准确地把握公司品牌的定位和风格，因为，他们关系到整个服装公司的前途与发展，甚至命运。

(三)敏锐的观察能力

作为一名服装设计师，对服装具有敏锐的观察力是非常重要的。主持设计一个服装品牌，要靠设计师较强的综合能力和对服装敏锐的观察力，这不仅需要技术上的创意，还需要用理性的思维去分析市场，找准定位，有计划地操作、有目的地推广品牌。所以，如何做出你的品牌风格，使目标消费者穿得时尚；如何吸引你的顾客，扩大市场占有率，提高品牌的品位，增加设计含量，获得更大附加值，创造品牌效应，是成衣设计师应具备的基本素质与技能。设计创作的最初灵感和线索往往来自于生活中的方方面面，有些事物看似平凡或者微不足道，但其中也许就蕴涵着许多闪光之处，如果设计师对此熟视无睹，不能发现它们的存在，就不能及时地去捕捉它们和利用它们，那么许多有用的设计素材就会失之交臂。皮尔·卡丹先生就是一位对事物很敏感的设计师，他能从北京故宫建筑的飞檐造型中发现其在服装造型中的利用价值，设计出著名的翘肩造型，并为他带来巨大的社会声誉和商业利益。成衣设计师对市场要有了解，深入市场，不能闭门造车，坐享其成，更不能异想天开。

(四)时尚的敏悟能力

时装是否受到市场的欢迎，很大因素取决于是否有时尚性和流行性。我们难以想象一个观念陈旧、衣着落伍的设计师能做出非常时髦、时尚的作品。当然，要使自己变得时尚不一定都得靠外表，关键是，要让自己的心变得有强烈的时尚感，要让自己的思想变得更具现代意识。虽然，有时时尚的东西不见得都好、都美，但作为设计师，你必须要有接纳的胸怀，对待新观念、新现象不能带有先入为主的惯性思维，要学会把自己放进去，去接受，去思考，这样才可能使你的设计作品能与时代同步，甚至引领时尚。这就决定了成衣设计师要不断捕捉服装学科和服装行业的发展动态。

(五)推销和展示能力

要懂得推销自己，做一位很好的推销员，有计划有市场数据支持你的设计。要善于表达，多沟通。要有准确的领悟能力、全面的统筹能力、充分的展示能力。设计师是产品开发的主力军，对本季度的成衣卖点最为清楚，由设计师完成有助于产品风格的统一。卖场服装展示包括 POP 广告、橱窗展示、产品的陈列、卖场服装展示等。成衣设计师最终要在市场中体现其价值。只有真正了解市场、了解消费者的购买心理，掌握真正的市场流行，并将设计与工艺构成完美的结合，配合适当的行销途径，将服装通过销售转化为商品被消费者接收，真正体现其价值，才算成功完成了成衣设计的全部过程。

3. 成衣设计师的综合能力培养

(一)学会积累

专业资料和各类信息的收集积累在服装设计的学习提高过程中是十分必要和基础的。这是一项长期不能间断的持久工作。有许多设计师在做设计时，常常会为不能获得创意而感到很苦闷，这是一种正常的现象。因为人的思维能力增强是通过不断的学习和实践获得的，人脑对某类信息接受和储存得越多，相关的思维能力也就越强。要想改变这种状况，首先必须要认真做好专业类资料的收集和积累。

需要特别指出的是：获得了资料不等于真正拥有了资料。所谓“外行看热闹，内行看门道”，要想从资料中看出“门道”，为水平的提高带来帮助，仅表面的、泛泛地浏览是不会带来效果的，特别是涉及服装的造型形态、材质运用、配色方法以及饰物使用等具体设计技巧方面的掌握，建议在研读的基础上去背诵记忆，记忆的款式越多，就越能寻找到设计变化的方法和规律，如此，不仅能磨炼出对流行的感觉，对设计创新也会变得有办法，而不至于在设计时一筹莫展了。

(二)借鉴的本领

服装设计就是敢为人先的创造与发明、大胆设计、大胆改造，大胆使用新工艺、新材料、新科技的全过程。设计是一种创造，但不是发明，前无古人后无来者的设计是不存在的。因此服装设计就必须要借鉴前人。成衣设计更是如此，因为服装的变迁过程是连续的，不间断的，每一种服装都处于人类服装文化史的变迁中，都是承前启后的。要想在设计中超越前人，就必须先学习前人的历史经验和传统技巧。不仅要学习中国服装史，而且还要学习西方服装史，还要研究世界各地现存的民族服装。

服装是一种综合性的文化现象，涉及社会科学和自然科学的各个领域。设计师的工作内容又是复合型的，既要能把握当时当地的历史潮流和市场变化，又要对自己和竞争对手的实力了如指掌，还要有能力和实力组织生产，实现自己的设计意图，为企业带来利润。因此，设计师要有广博的修养和丰富的经历，要热爱生活，对一切事物都很感兴趣，要有强烈的好奇心。这样在设计构思时，才能广开思路，广泛借鉴。只有“站在巨人的肩膀上”，才能设计出高于前人的作品。

(三)深厚的艺术造诣

在现实中，人与人之间的确是存在着审美能力上的差异，审美能力的形成和提高虽然与人的生理进化有关，但更重要的是来源于文化艺术知识的获取和美感熏陶，来自不断地学习和实践。在服装领域取得伟大成就的设计大师们，都是依靠深厚的功底素养，来施展他们出色的设计才华的。

服装设计是一种产品设计，也是一种艺术创作。因此，广泛的艺术修养对于服装设计师就显得至关重要。曾被誉为“时装之王”的法国高级时装设计大师克里斯汀·迪奥就是具备了建筑、绘画、音乐等多方面知识的一位时装界的巨匠，他的弟子伊夫·圣·洛朗也是一位艺术才华横溢的天才，从圣·洛朗的作品中，可以看到他设计灵感来源之广，可以感受到当代艺术大师们的影响：热情奔放的西班牙风格，华美多姿的俄罗斯情调，单纯豪放的非洲风格，端庄鲜明的中国风格，还有那古典味浓郁的委拉斯凯兹式的婚礼服、色彩明朗的毕加索风格，简洁明快的蒙德里安冷抽象艺术和波普艺术等，都在其作品中有着独特的运用和发挥。现在活跃于国际时装舞台上的设计大师三宅一生、戈尔齐埃等，也都是一些艺术才华出众的艺术家。深厚的艺术造诣决定了设计师们无穷的创造力。

(四)团队的合作精神

现代企业在组织结构上是一个军事化的分工合作的集团，不是任何个人能完成所有部门和工种的工作的。作为一个设计师，要想顺利地、出色地完成设计开发任务，使自己设计的产品产生良好的社会效益和经济效益，离不开方方面面相关人员的紧密配合和合作。有敬业与团队精神，任何一个项目，都是通过团队共同的力量来完成实现的，用普通的方法使工艺方面达到最佳的效果。例如，设计方案的制订和完善需要与公司决策者进行商榷；市场需求信息的获得需要与消费者以及客户进行交流；销售信息的及时获得离不开营销人员的帮助；各种材料的来源提供离不开采购部门的合作；工艺的改良离不开技术人员的配合；产品的制造离不开工人的辛勤劳动；产品的质量离不开质检部门的把关；产品的包装和宣传离不开策划人员的努力；市场的促销离不开公关人员的付出。设计师必须摆正自己的位置，切不可高高在上，盛气凌人，目空一切。能否与别人合作，特别是能否与比自己能力强的人合作，往往是一个设计师能否成功的关键。俗话讲："一个好汉三个帮"，风格的魅力在于其周围聚拢着一大群心甘情愿地与其同甘共苦的能人。因此，作为设计师，必须树立起团队合作意识，要学会与人沟通、交流和合作。

(五)设计师的人格魅力

作为一名合格的服装设计师，优秀的品德是首要条件。除了具备上述的知识和技能之外，还有一个非常重要的因素，即设计师的人格，即"德才兼备"。如果设计师德品不正，不讲信誉，自私自利，遇事先斤斤计较个人的得失，毫无奉献精神，那么在工作中也就很难卖力气去敬业，很难替别人着想，也就无法与人合作。目前，政治的稳定，经济的腾飞，服装业的发展为我们的设计师施展才华提供了"天时、地利"的大好环境和历史机遇，而能否成功，在某种程度上讲，关键在于"人和"这个因素的把握。"人和"的现代意义即在工作中能处理好人与人之间的关系，能很好地与人合作，能承认他人的长处，能容人，会用人。服装设计师是艺术的创造者，又是服装人。自己高于他人，高于企业，所以为了事业，为了自己所干的这份工作，尽到自己的责任。对本行业要有一种执著的追求，创新探索的精神，虽然工作很辛苦，但又苦中求乐，备感幸福。

三、成衣流行趋势分析

1. 流行预测

(一)流行预测的概念和作用

预测即运用一定的方法，根据一定的资料，对事物未来的发展趋势进行科学和理性的判断与推测。以已知推测未知，可以指导人们未来的行为。预测的种类多种多样，如股票、经济、军事、服装工业产品等。

成衣流行预测是对上个季度、上一年或长期的经济、政治、生活观念、市场经验、销售数据等进行专业评估，推测出未来服饰发展流行方向。一般情况下，做色彩、纱线、材料、款式、男装、女装、童装等的分类预测，视流行预测机构的功能而不同。各服装企业也做适合本企业需要的趋势预测。

了解成衣流行预测的过程和基本原理，可以有效地对本行业的最新动向进行研究、分析和判断，合理应用流行趋势可以降低设计成本、降低生产风险，可以合理地安排生产。引进流行趋势分析理念，可以提高把握市场的准确性，减少制作样衣的不必要投入。

（二）流行预测的类型

(1)按预测时间长短划分

长期预测：长期预测多指一年以上的预测。如巴黎国际流行色协会(International Commission for Colour In Fashion And Textiles)发表的流行色比销售期提前 24 个月；《国际色彩权威》(International Color Authority)杂志每年发布早于销售期 21 个月的色彩预测；美国棉花公司(Cotton Incorporated)市场部预测发布的棉纺织品流行趋势比销售期提前 18 个月；英国纱线展发布提前销售期 18 个月的流行预测；法兰克福的英特斯道夫衣料博览会的面料流行趋势展提前销售 12 个月。这类预测大多是流行色、纱线和面料的预测。

短期预测：短期预测指一年以内的预测。如巴黎、米兰、伦敦、东京、纽约、香港、北京等时装中心的成衣展示会，包括各成衣企业举行的流行趋势发布会和订货会以及各大型商场的零售预测。

流行预测及分类如图 1.8 所示。

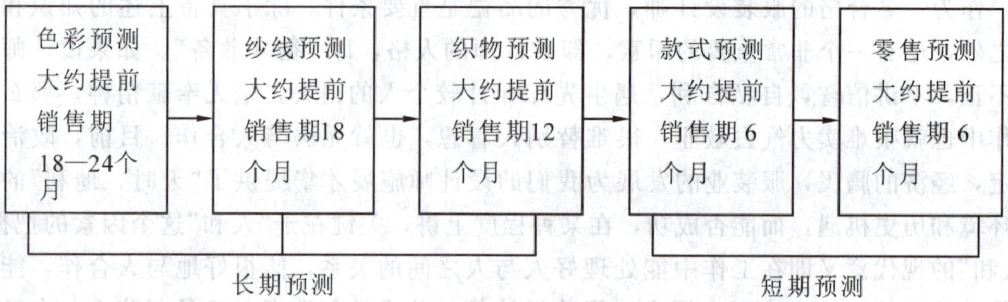

图 1.8　流行预测及分类

(2)按照预测范围大小划分

宏观预测：宏观预测一般指大范围的综合性预测。这类预测对同一地区内的所有商家都具有指导意义，如国际流行色协会的色彩预测、中国流行色协会的色彩预测等。

微观预测：微观预测可具体到生产不同服装产品的成衣预测。如内衣产品预测、西装产品预测、风衣产品预测等。

(3)按照预测方法不同划分

定性、定量预测法：对预测对象的性格、特点、过去、现状和销售数据进行量化分析，推测和判断成衣产品未来的发展方向。预测前，必须进行广泛的市场调查，在分析消费者与预测对象相关联的各个层次的基础上进行科学统计预测。这类预测非常科学、细致，但预测的成本较高，适合中、小国家的流行预测。如日本的流行预测就经常采用定性、定量预测法。

直觉预测法：聘请与流行预测有关的服装设计师、色彩专家、面料设计师、市场营销专家等有长期市场经验的专业人士凭直觉判断下个季度的流行趋向。参与流行预测的人士，必须有丰富的市场阅历和经验，有高度的归纳和分析能力，对市场趋势具有敏锐的洞察力和较强的直觉判断力，有较高的艺术修养和客观的判断能力。如总部设在巴黎的国际流行色协会的色彩预测采用的就是直觉预测法。

（三）流行预测的准确度和应用

(1)流行预测的准确度

成衣流行预测作为参考性资料提供给成衣商家以作设计和营销的参考，而非作为强制性的资料，因此如何应用流行预测的结果以及流行预测的准确性成为商家最主要的考虑因素。一般来说，专业性的流行预测机构流行预测结果的准确性在60%以上，艺术总监以及成衣设计师在本行业有资深的经验，可以在流行预测结果中寻找出大的流行趋势，再结合品牌的个性和成衣设计特点灵活应用。

(2)流行预测的应用

如图1.9所示是服装流行的抛物线，流行呈现出抛物曲线的特点，流行经历了产生、发展、高潮、消退4个过程(如图1.9)。流行产生阶段往往是服装界中具有巨大影响力的上游品牌率先推出引导流行的产品(如巴黎等时装中心的高级时装展)，如果中游品牌成衣在此阶段盲目地跟风，很难获得良好的经济效应。随着越来越多中游品牌(如大众品牌)的加入，流行进入发展阶段，并逐步进入流行的高潮期，流行的高潮期是下游品牌(在经营中以产量取胜的批发品牌)切入的最好时机。因此，在应用流行趋势的过程中，成衣设计师要认清为之服务品牌的市场定位，把握切入的时间点是获得良好经济效益的基础。进入流行的时间点把握不准，往往会产生负面效应。

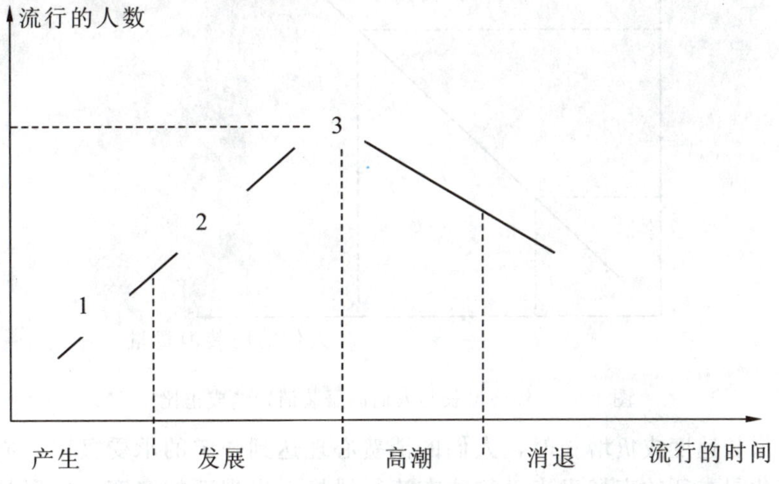

1- 上游品牌运用流行趋势的切入时间段
2- 中游品牌运用流行趋势的切入时间段
3- 下游品牌运用流行趋势的切入时间段

图1.9 服装流行的抛物线

（四）影响流行趋势的因素

当设计师意识到成衣新的宏观流行动向时，应以理性的态度去对待。设计师必须走在流行的前锋，感受流行节拍，引导消费。影响流行趋势的因素可以分为可预测因素（如气候、社会经济的发展、人口变化、生活方式的改变等）和不可预测因素（如人为的因素、流行事物的影响、战争的因素等）。分析成衣流行趋势的影响因素，可以从以下几方面入手：

(1)气候因素

气候冷热对成衣流行影响最大，气候的影响分为两个方面，一是同一时间不同地区气候的冷热差异对流行的影响，二是突发气候冷热变化对流行的影响。

当品牌成衣的终端销售扩展到跨不同区域的时候，同一时间点不同地区气候的冷热差异开始对成衣销售产生影响，因此应对经销商的配货保留一定的决策权。同样是在每年的3月，东北市场和海南市场销售的差异性很大，气候的不同，影响到消费者对色彩冷暖、面料厚薄和款式的选择。

气候突然改变影响消费者最大的消费时间段主要表现在产品销售的季末和季头，季末和季头是新货上架时期，气温突然变冷或者变热会引导一个时间段的消费热潮。

(2)社会经济因素

经济增长速度是影响流行趋势的因素之一。经济增长速度加快时，人们的收入和消费信心增加，在服装上的花费一般会随之增加，流行周期加快。经济增长速度放慢时，人们的收入和消费信心下降，流行周期放慢。经济增长速度与人们消费水平成正比（如图1.10）。

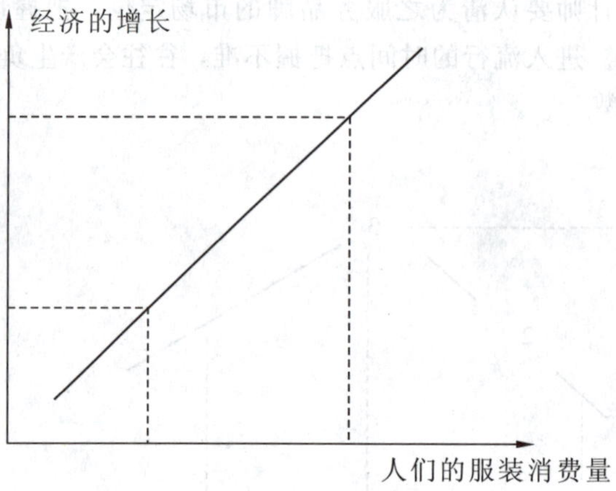

图1.10　经济增长与人们的服装消费量成正比

当经济增长速度成负增长时，人们的消费心理达到一定的承受极限，成衣设计师针对市场变化寻求新的市场卖点，往往在流行风格上出现新的突变，出现与以往完全不同概念的流行风格。如2003年欧洲经济增长比亚洲经济增长放慢，意大利呈现负增长，人们更喜欢到百货商场购买相对廉价的服装，把新款服装同以前的旧款搭配着装，出现了“新衣配旧裳”的风格。成衣设计师针对这一新的流行动向，推出的系列设计，参考了上一年同期的流行色和流行款式，在设计上尽量使之有较宽的适应面。

经济发展影响着人们对不同着装的重视，当人们的收入在较低层次时，在服装消费上首先考虑的是外衣，当人均国内生产总值达到或超过1000美元时，人们开始关注中、高档内衣，当经济收入可以满足工作、生活的一般需求时，人们就有了旅游度假的需求，运动休闲装或具有运动风格的时装就大受欢迎。

(3)生活方式因素

生活方式的改变影响人们的消费方式，进而影响人们的着装。第二次世界大战时期，欧洲女性开始大规模地加入军工企业的生产，发现男装夹克和西服的功能性远远胜于当时女子的裙装，间接推动了女装着装意识的转变，促成现代女装着装国际惯例的形成。我国第一个"五一"长假休假日前夕，运动休闲装销量大增，商场出现脱销现象，表明许多服装公司对假日经济预测的不足。

(4)流行事物的影响

流行事物涉及方方面面，影响最大的是电影、时尚人物和网络。具有巨大影响力的电影和时尚人物的装扮对服装流行起到一定的引导作用；网络卡通出现在年轻一族T恤衫的图案设计上；人们生活空间的空调化使夏装出现了高立领的流行。除此之外，街头舞蹈、街头装饰、流行音乐、电视、网上购物、时尚杂志等均可对流行产生影响。

(5)科技因素

科技发展表现在对新型材料的探索上，纺织材料创新是纺织业的重要驱动力，其影响力是持续的，不仅影响特种服装，也融入成衣生产的主流产品中。如Ouest国际和国际羊毛局合作研究的感应技术SPT加入到纺织材料中，使服装具备抚慰、激励和保护的功能；法国设计师Anna RuoPtorten率先采用比利时Libeco Lagae生产的涂硅亚麻作为她新系列服装设计的面料；法国Bugis Tissu生产的具有阻燃性能的棉平针织物适合制作儿童睡衣。设计师需时时留意新材料的发展动态，并尝试运用它们为设计服务，增强产品的科技含量。

(6)战争因素

第二次世界大战期间，在战时急迫的社会形式下，欧洲社会以保护身体安全、简朴和实用性为着装的出发点，英、法两国实行了纤维与衣料的配给制度，华丽的装饰被禁止，人们生活仿佛回到了禁止豪华服饰的欧洲中世纪时代；海湾战争的爆发，使得具有军服风格的成衣大行其道。

(7)文化历史因素

不同地域的消费者所接受的文化教育不同，对同一事物有着巨大的审美差异。审美观的差异性对品牌规划、市场定位、产品设计、制造、广告宣传的诉求、营销组合都有一定影响。审美观的变化直接影响商品消费需求的变化，形成特定的商品流行现象和一定的变化规律。当中国的纺织品大量进入欧盟以及美国市场的时候，设计师被一个共同的问题所困扰，由民族文化底蕴不同所带来的差异性影响着产品的流行风格。如Pantone(潘通)公司在过去5年对美国、欧洲、亚洲进行了一项市场调查，在可以选择的1757种Pantone纺织色彩中，欧洲和亚洲市场比较喜爱蓝酒红色，美国倾向于深梅红色，橘红和粉红在欧美流行，浅紫色和中紫色在美国和亚洲比在欧洲更受青睐。

(8)人口结构变化因素

人口结构的变化会对流行产生影响。人口变化的因素包括人口的出生率、死亡率、人口迁移、年龄分布、婚姻状况、种族融合、国家的人口政策等。如20世纪60年代成衣业的兴起与欧洲人口结构的变化有着直接关系，现今中国人口结构老龄化与中国计划生育的人口政策有关。

(9)人为因素

人为因素对服装流行产生影响必须是影响力巨大的事件，如“9·11”事件。当人们在电视直播中目睹恐怖主义者对无辜平民生命的无视时想到的是：为什么会这样？我们如何保卫本土的安全？如何在全球范围内合作寻求共同打击恐怖主义？沉着、冷静、富于思考的褐色系色彩因此被应用并在服装流行中延续了几年时间。因此，必须对引起人们广泛关注的人为事件进行分析，探讨其对成衣流行的影响力并进行评估。

(10)政治因素

历史上，政治因素曾经对服装流行产生影响，如美苏对抗时期的欧洲流行服装，设计师以苏联军装作为设计要素展示在高级时装的T形台上。随着全球经济一体化和世界的多极化，政治因素对服装的影响力已经逐渐减退。

2. 流行色分析

(一)流行色概念

国际流行色的预测是由总部设在法国巴黎的“国际流行色协会”完成的。国际流行色协会各成员国专家每年召开两次会议，讨论未来18个月的春夏或秋冬流行色定案。协会从各成员国提案中讨论、表决、选定一致公认的三组色彩为这一季的流行色，分别为男装、女装和休闲装。

国际流行色协会发布的流行色定案是凭专家的直觉判断来选择的，欧洲国家的一些专家是直觉预测的主要代表，他们对欧洲的市场和艺术有着丰富的感受，以个人的才华、经验与创造力就能设计出代表国际潮流的色彩构图，他们的直觉和灵感非常容易得到世界的认同。

中国的流行色是由中国流行色协会制定，他们通过观察国内外流行色的发展状况，取得大量的市场资料，然后对资料作分析和筛选而制定，在色彩定制中还加入了社会、文化、经济等因素。

(二)流行色变化规律

美国色彩专家海巴比伦提出了流行色变化的7年周期理论，他认为色环上的色组分为暖色组和冷色组，暖色的流行周期是3年，冷色的流行周期是2年，从暖色流行到冷色流行或者从冷色流行到暖色流行的过渡色称中性色(如明度较高的粉色)，流行周期是1年，整个流行过程是5—7年。其流行时间的长短受当地经济发展水平、审美差异等因素的影响。此理论被日本流行色协会常务理事太作陶夫等专家所证实。

附：2010/2011秋冬色彩趋势预测

1. 传统与怪异

传统与摇滚混合的生活方式：混搭、意想不到的组合、绅士摇滚等，方格子呢、羊毛、厚棉花面料加上毛边、褶皱效果，传统与创新结合，马裤、闪光的配饰与之搭配(如图1.11)。

图 1.11

2. 都市潮流

工人阶层、街头艺术、都市生活、道路清洁工、城市建设者、流浪汉等；街头装、牛仔装、深色、洗旧的、皮革、工装、运动衫(如图 1.12)。

图 1.12

3. 颓废都市

受建筑风格影响，简单、注重外表、运用中性色调表现颓废的风格。采用单色黑白格调、极简抽象派，注重裁剪、雕刻艺术、先锋派、光泽处理、3D效果、高科技面料、厚厚的花边、光洁的表面等设计(如图1.13)。

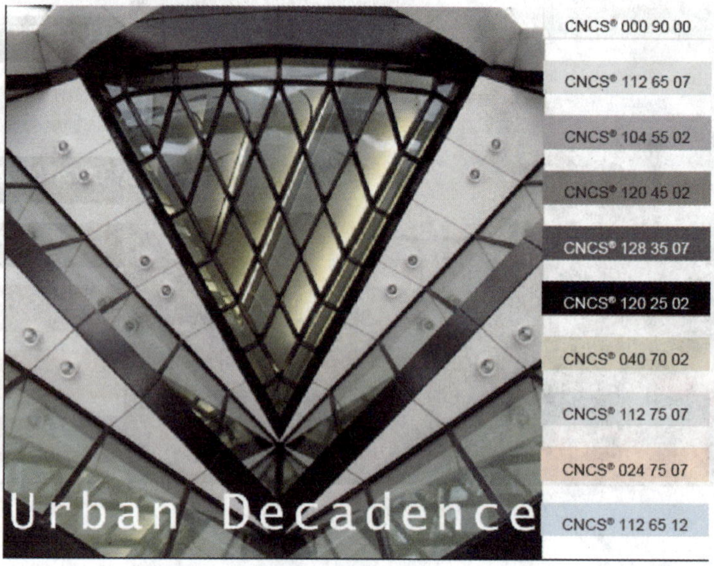

图1.13

4. 内心狂野

反叛的态度，西部牛仔、乡村开拓者、西方亡命徒等。粗糙的面料、灰尘色的外观，用牛仔布、羊皮、印第安本土图案、牛仔靴及帽子、油布、粗棉等来表现(如图1.14)。

图1.14

5. 农村生活

农民印记：乡村工作装，褪色的外观、重点放在衬衫上，长裙子的回归。小方格和条纹，厚开襟衫、天鹅绒、羊毛衫、牛仔布和棉布装(如图 1.15)。

图 1.15

6. 迷人的自然

大自然的奇观：柔软、轻质的面料，蓬松的针织，自然优美的印花、羽毛、褶边、层次设计、透明、轻快的感觉(如图 1.16)。

图 1.16

(三)流行色卡的组成及应用(如图 1.17)

(1)时髦色组

时髦色组是即将流行的色彩、流行至高峰的色彩和快要消退的色彩。时髦色往往是成衣的主色调。

(2)点缀色组

点缀色组往往是时髦色组的补色。在配色中常做小面积的搭配或图案的配色。

(3)常用色组

含灰量较大的色组。对眼睛的刺激性弱，在每年的流行色中均有出现，常用色是适合大部分人群穿着的色彩，如白色、黑色、灰色、深蓝色等。

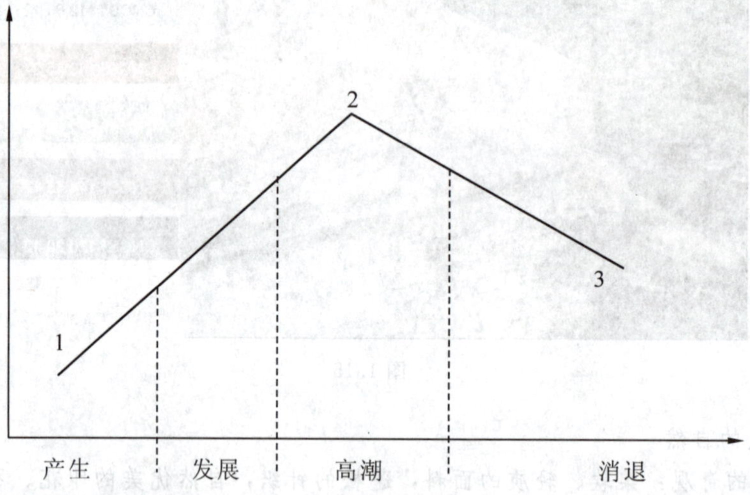

1-即将流行的色彩　2-流行到高潮的色彩　3-即将消退的色彩

图 1.17　流行色卡的组成

附：ICA 2010 秋冬趋势

关于 ICA——International Color Authority

ICA(国际色彩权威)成立于 1966 年，总部位于英国伦敦，是世界领先的色彩趋势预测机构。ICA 的色彩研发成员具有丰富的国际经验，每年两次聚集，讨论下一季色彩流行趋势。

ICA 一般提前 24 个月发布对男装、女装、运动休闲、室内家居等时尚领域的色彩预测报告。

作为权威的色彩组织，ICA 受到国际贸易中心(由世界贸易组织和美国贸易发展会议联合成立的组织)的肯定，其提供的高度契合市场趋势的预测受到众多专业人士的信赖。

ICA：2010/2011 秋冬女装流行色彩预测

主题 1：延续(如图 1.18)

可持续发展的精神，都市情绪

冷酷和柔和的同色调色彩运用于建筑风格造型的服饰
不同的对比材料中运用这一组色彩，体现高科技的层次感
色彩整体感觉清爽干净，使得整洁、简单的休闲装轮廓更加完美
对这组体现生态环保概念的色彩来说，光泽感是一个重要因素

一组精选的色板，灵感来源于可持续发展的高科技有机物质

关键色彩

CNCS 136 45 17	CNCS 056 80 12	CNCS 064 65 12

图 1.18(1)　ICA：2010/2011 秋冬女装流行色彩预测——主题：延续

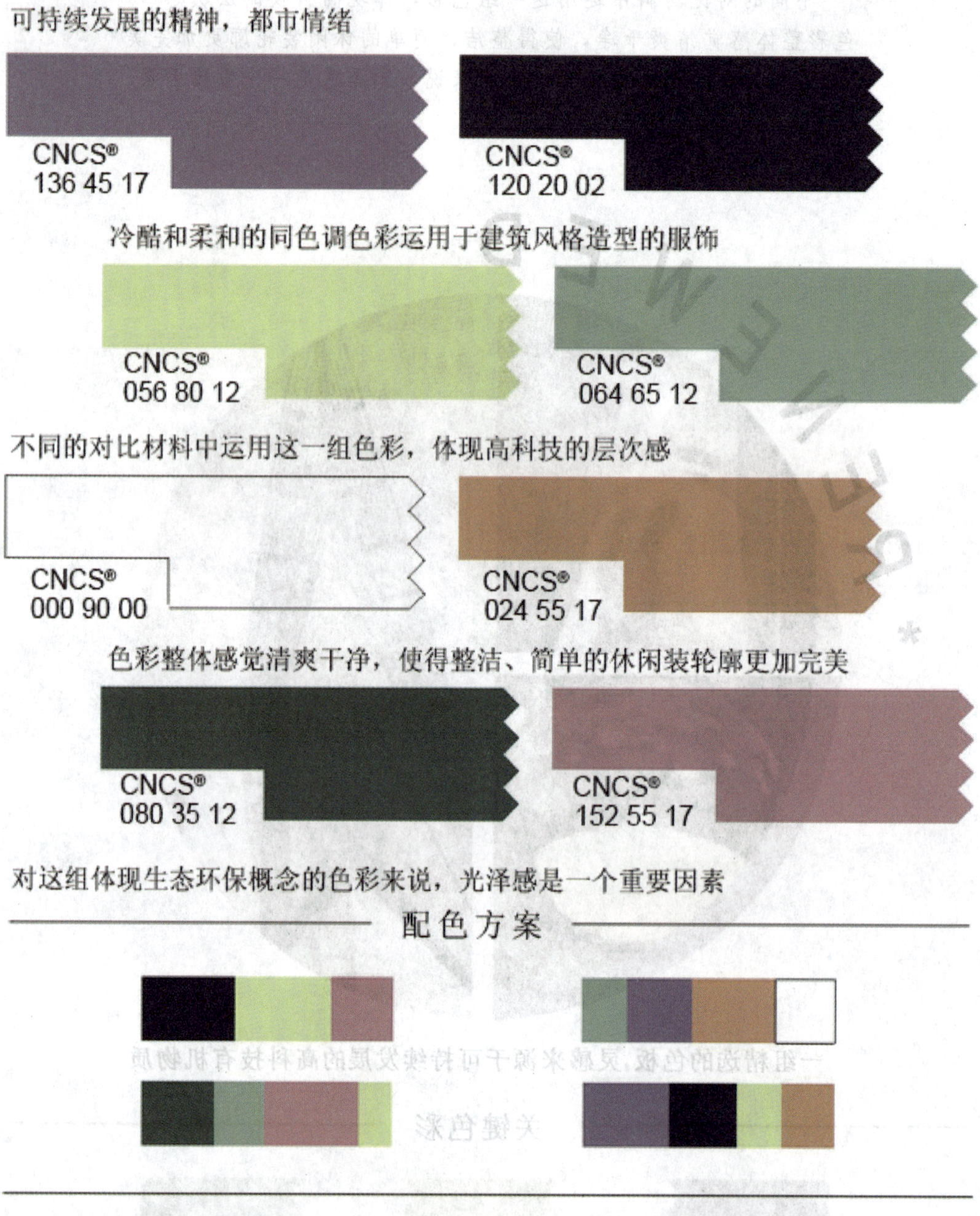

图 1.18(2)　ICA：2010/2011 秋冬女装流行色彩预测——主题：延续

主题 2：认知(如图 1.19)

纯和舒缓的色调，营造了轻松自如的气氛

关键色彩：嫩绿色、淡紫色

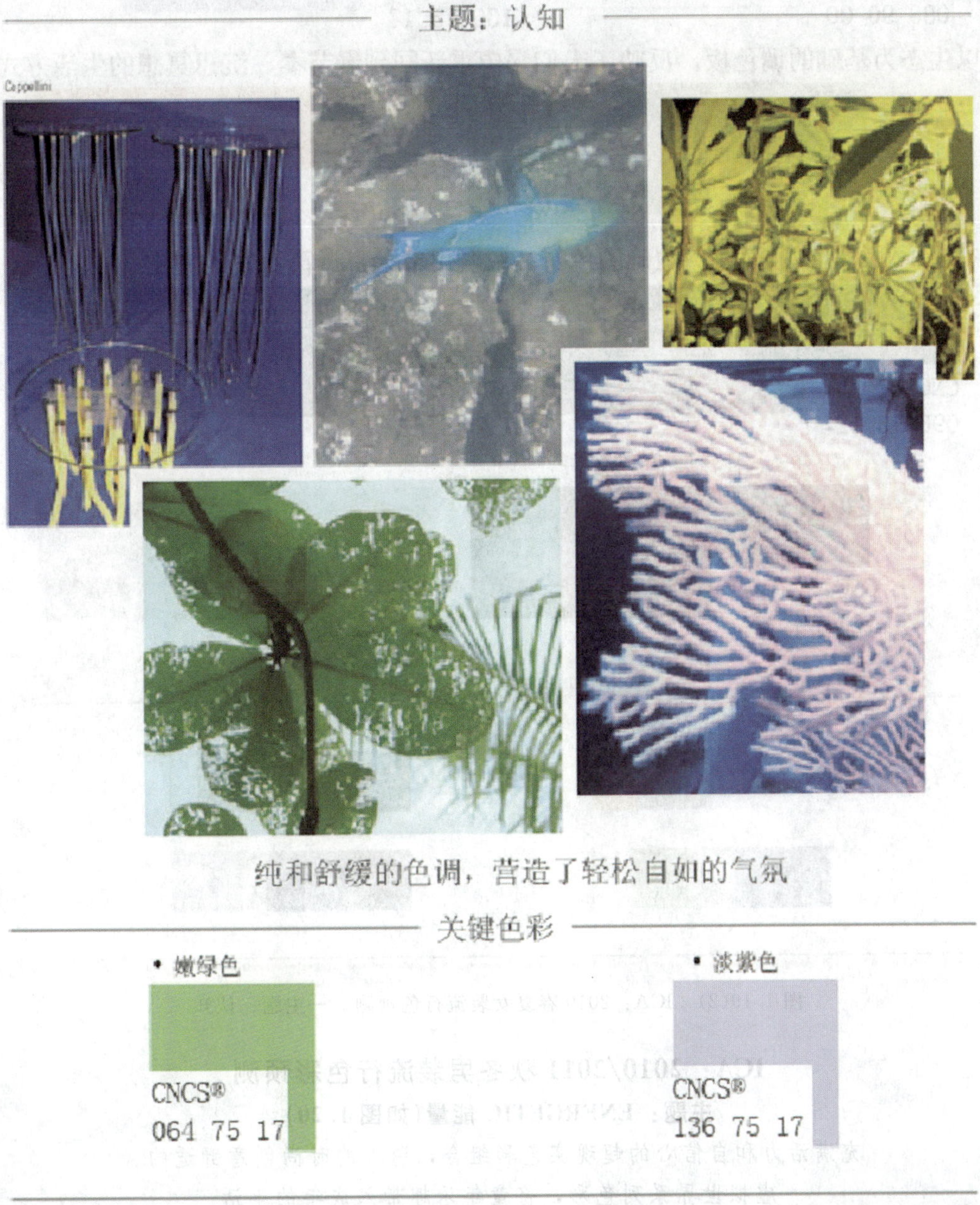

图 1.19(1)　ICA：2010 春夏女装流行色预测——主题：认知

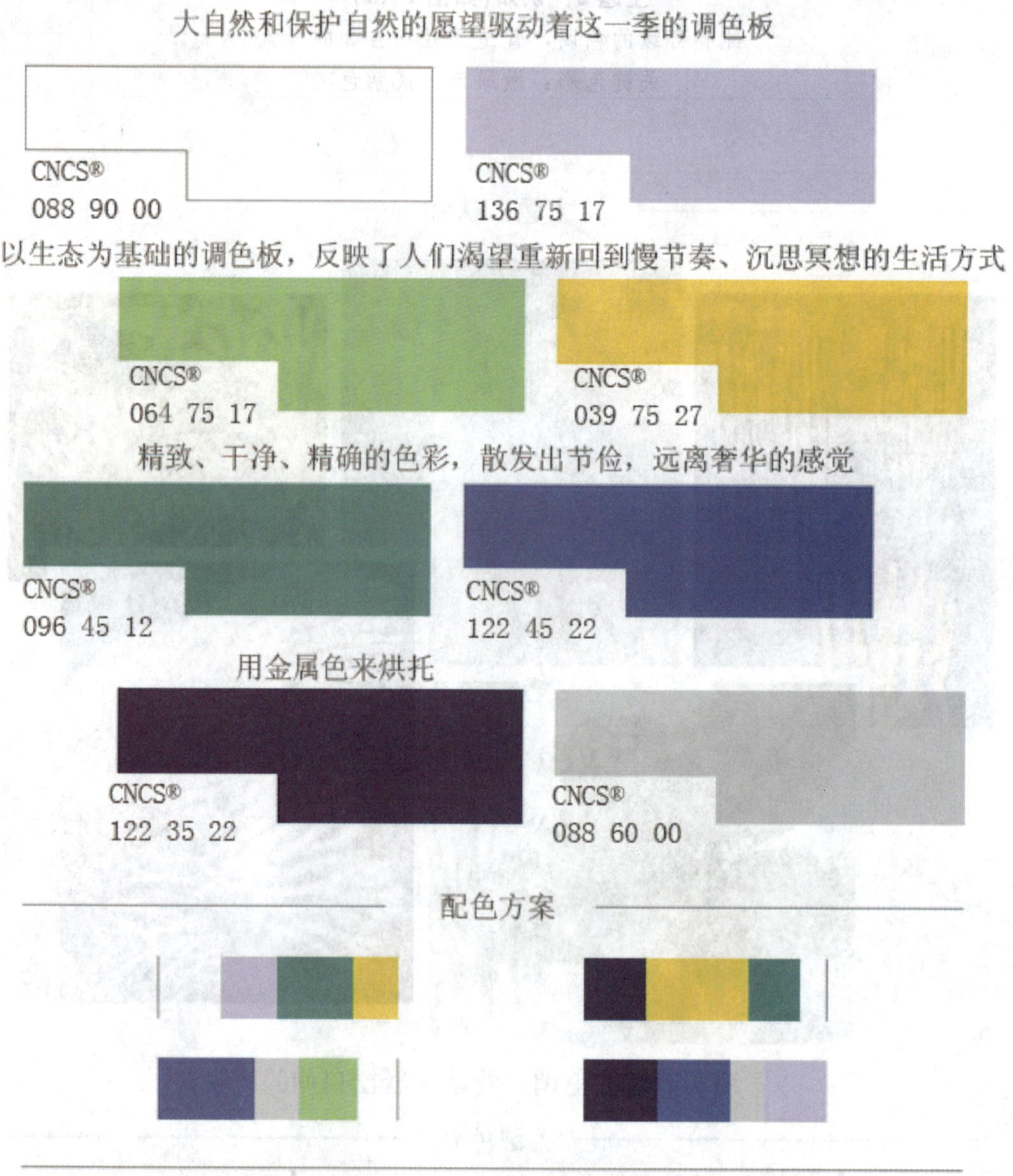

图 1.19(2)　ICA：2010 春夏女装流行色预测——主题：认知

ICA：2010/2011 秋冬男装流行色彩预测

主题：ENERGETIC 能量(如图 1.20)

充满活力和自信心的超现实色彩组合，诱人的时尚创意舒适的、

虚拟世界系列色彩，将童年乐趣带入成年的生活

用于高品质面料的一组完美的色彩

富有活力和表现力的一组色彩

从逃避现实、超现实主义和虚幻的电影中获得的色彩感觉

黑色与纯白色对比

图 1.20(1)　ICA：2010/2011 秋冬男装流行色预测——主题：ENERGETIC

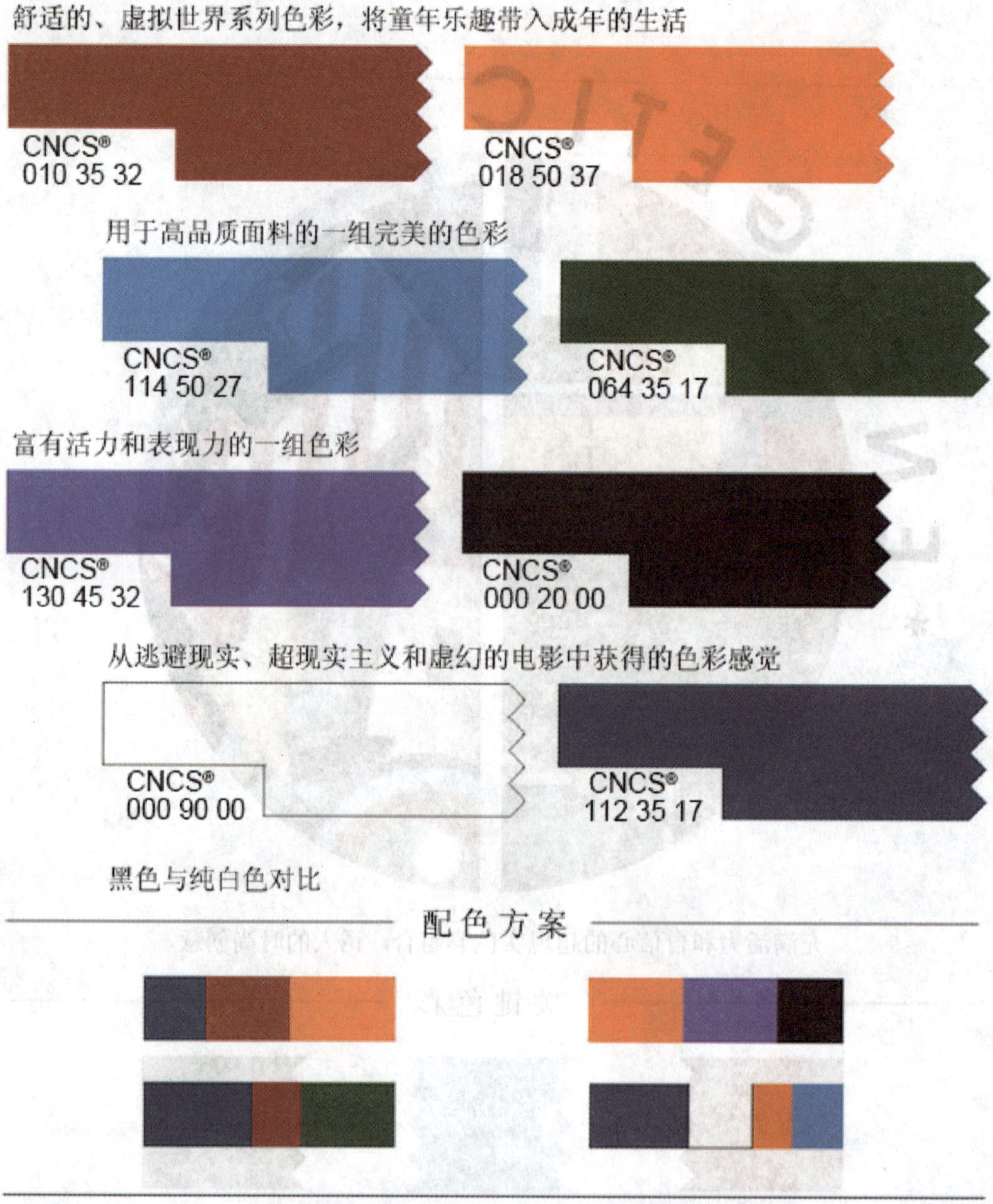

图 1.20(2)　ICA：2010/2011 秋冬男装流行色预测——主题：ENERGETIC

3. 纱线、面料、成衣款式流行趋势分析

(一)纱线流行趋势的收集、分析及应用

(1)信息收集

纱线流行趋势收集包括收集各大展会的信息、流行服务业的信息、服装网站的信息、供应商的信息等。分析的要点主要是流行纤维的类别、纱线的色彩及成分。收集信息对成衣设计师非常重要。

(2)纤维成分与面料风格特征的关系

通常选用纤维应从外观、舒适性、保养性、耐用性、价格以及卖点为出发点考虑，纤维原料是决定面料整体风格特征的元素之一。

(3)纤维流行与流行色的关系

纱线的形成方法、工艺参数等影响纱线的结构、外观并影响面料的外观和性能。如绣球花线、结子纱、段染纱、膨体纱、色股纱、金属纱等可以创造出独特的肌理外观。当流行色处于粉色的流行期时，为了表现成衣的效果往往出现注重纱线或面料表面肌理的特征。当流行色处于暖色流行期或冷色流行期色彩纯度较高时，流行色本身具有强烈的视觉冲击力，纱线本身的肌理效果便成为次要因素，流行力度减弱。

(4)纤维流行与成衣风格的关系

纤维的性能特点影响着织物的外观，当成衣流行不同的风格时，设计师必然会选用与其相符合的织物。如成衣流行女性化的特点时，为了表现抽褶、缩褶柔美的成衣外观，设计师可能会选用质地细腻、柔软性好的纤维织物(如丝织物、平纹棉织物等)。当成衣风格流行民族风格时，设计师可能会选用质感朴素、粗犷、刚毅的纤维(如麻织物、毛织物、棉织物、混纺织物等)。

附：2010/2011 年秋冬纱线趋势(如图 1.21)

2010/2011 年秋冬季新款纱线向我们展现的不仅仅是季节性潮流趋势。当我们从告别悲观，迎接更为乐观的未来时，它们揭示了对于“改变”的真实愿望。

无论是最精细的纱线还是粗纤维的纱线，把它们相互对比，分层又或是回收，都赋予该项运动以灵感。将不同种类纤维混纺所产生“大量”的多样性，就能将最基本的纱线变得更为“时尚”，它们可能是奢华的，抑或是更加平凡的线条。经典和传统的针织产品也因此平添了“柔顺”和“舒适”感。

图 1.21　2010/2011 年秋冬纱线趋势

在迈向更时尚，更有动力的出色产品发展的进程中，我们重回“存档”中将已有产品改头换面，辅以高新科技和生物科技的手段，或者找寻恰当的组合并将最新的材料运用其中。

没有循规蹈矩，没有墨守成规或者似曾相识的产品。重新诠释所有已经创造、开发并向市场推广的创意。即使是用来粉饰奢华的传统要素所使用的高雅材料也都要制造令人惊喜的效果。“改变”，将最创新、最尖端的科技融合起来，培养消费者的习惯，在与世界观点同步的同时，以最快的速度不断改变。

因此灵感是用来“强调”新的产品，并将它们重新改善，重新焕发活力，找寻将它们变得更具时代性、更拥有吸引力和更新颖的创意。将它们转变，最重要的是，能吸引足够多的消费者。

材料的研发是关键："研究"和创新新款纤维，新的技术，新颖的质地，新的表面处理，当然还有全新的色彩组合。

将来的产品应该是时尚的、舒适的、令人惊艳的，并且是"耐用"和便于理解的。它们必须装饰我们的身体：不再是用来伪装，而是用来"美化"，改善并将我们修饰得更好。

主题：SIMULATION（如图 1.22）

柔和的色彩范围让人想到雪景，灵感来源于自然生态。特别注重纱线外观和处理。

图 1.22　主题：SIMULATION

主题：INTERPRETATION（如图 1.23）

健康的外观，使人想起与乡村生活有关的民俗。目前面临的挑战是如何适应城市生活。

纱线变得厚重，从斜纹软呢到格子呢可以看到经典针织和面料的回归。传统与创新交织在一起。

图 1.23　主题：INTERPRETATION

主题：TRANSFORMATION(如图 1.24)

鲜艳亮丽的色彩与基础色混搭的一系列经典明亮色调。

受世界运动风尚的影响，这个系列被运用于配饰，使整个主题系列给人一种充满活力的感觉。

图 1.24　主题：TRANSFORMATION

主题：VIBRATION(如图 1.25)

这一系列所有的一切都被混合在一起，有规律地互相穿插，或者反方向，或者以未知的方式。重复、几何图形、锯齿形条纹、螺旋、棱镜等应用。

图 1.25　主题：VIBRATION

(二)面料流行趋势的收集、分析及应用

(1)面料收集

面料流行趋势收集包括收集国际各大纺织品面料展会、面料供应商、流行服务业(表 1-1)、服装网站等的信息。分析的要点主要是面料的组织结构、表面效果、图案等内容。

表 1-1　流行服装业的出版物

资料名称	资料说明
THE FABBIC FAIRS 《纺织展会报告》	出版物，美国出版商每年 6 月和 12 月出版，对面料小样、饰边样板、花形进行综合介绍，配有时装效果图、最新款式图和面料图片。
THEMES，WOVENS，KNITS/PATTELN 《趋势预测：主题面料和花形预测》	出版物，美国出版商每年 1 月和 8 月出版，侧重于介绍设计理念，包括对生活方式、主题面料和花形的预测，提供下一季时装的设计灵感。

(2)面料的组织结构、表面效果与成衣风格的关系

当成衣流行不同风格时设计师选用与其相对应的面料(如图 1.26)。如流行太空风格时，设计师可能会选用挺括并具有光泽的面料(如选用织物表面加有反光涂层的棉织物、麻织物、混纺织物等)。当流行军服军装风格时，设计师可能会选用表面肌理粗糙的面料(如斜纹棉布、卡其布、灯芯绒、劳动布、线绒布、亚麻帆布、毛巧克丁、粗纺毛花呢等)。

图 1.26　现代织物外观风格多样化的设计为
现代成衣设计提供了更多设计表达语言

(3)面料图案风格与成衣风格的关系

面料图案风格主要通过两种方法得出的，第一种方法是通过组织结构所形成的图案，如针织物和梭织物的提花、斜纹或缎纹组织等，第二种方法是通过后期加工得出的，如印花、绣花、水洗等。无论何种方法得出的图案风格，均可在成衣流行风格中找出相对应的关系，如流行女性化风格时，设计师可能采用造型柔美的植物、花卉、动物图案、可爱的圆点、几何图案、卡通图案、柔和的抽象图案等。当流行男性化风格时，设计师可能会选用具有一定造型力度的动物图案、字体图案、横条、直条、几何图案等。

附：2010 春夏纺织品设计风格及色彩(如图 1.27)

一、设计风格

National Decoration The Middle East 中东风格，来自东方的艺术诱惑，如图 1.27(1)。

1. 优雅繁复的设计，源自古民族的建筑及饰品；
2. 装饰化的表面及纹样；
3. 含有微金属光泽的复古多边形；
4. 来自东方的艺术诱惑，包含艺术品、绘画等。

图 1.27(1)　2010 春夏纺织品设计风格及色彩

二、设计色彩

配色如图 1.27(2)所示。

图 1.27(2)　2010 春夏纺织品设计风格及色彩

三、款式设计[图 1.27(3)]

1. 强调内在的品质感与精致的设计；以棉、棉毛、棉丝、丝、丝/麻织物为主，Modal、Tencel、牛奶蛋白纤维等为织物带来柔软手感和柔和光泽的纤维也有应用；通过纤维改性，使天然纤维织物获得更多的功能性或更良好的外观效果；精致的小提花条纹；富有金属光泽或珠宝光泽的格纹织物。

图 1.27(3)　2010 春夏纺织品设计

2. 富有东方韵味的图案设计；蕾丝效果的纹样；富有装饰效果的花式纱线；珠片装饰；经仿丝绸整理；超柔软处理。

图 1.27(4) 2010 春夏纺织品款式设计

(三)款式流行趋势的收集、分析及应用

(1)款式流行信息的收集

款式流行信息收集的渠道与纤维和面料信息的渠道相同，分析的要点是款式的外形、领形、袖形、成衣零部件以及设计细节等内容，并从中寻找出流行规律。

(2)外形特征与设计细节的关系

成衣流行的外形特征决定着设计细节，两者需达到和谐统一。因此，当分析成衣款式特征时，首先注意的是成衣外观线条的特征，外形特征确定后，再寻找出设计细节的搭配关系。如流行男性化的 H 形线条时，搭配的细节会出现与之相配的方形、直条形的造型。当流行女性化的 X 形或 A 形线条时，搭配的细节会出现与之相配的细条形、圆形、半圆形或不规则的造型。

附：2010/2011 秋冬女装色彩及款式流行趋势[如图 1.28(1)～(3)]

USEFUL-WOMANOMICS | 引领性款式

流行色 & 风格

女性们正改变着专业的职业装款式。职业套装被静静地和机灵地重塑着。诙谐的面料并置、上流社会的式样和时髦的设计细节反映出一种全新的态度。服装的轮廓捕捉着一种全新的现代的流线感，而外形则从非常硬朗的结构柔化成休闲的、垂褶的式样。常用的传统面料被改良成现代的外形和意想不到的服装。简单的设计是对过去美学的欣赏，并保证没有比此种投资性服装更好的职业装。

图 1.28(1)　2010/2011 秋冬女装色彩及款式流行趋势

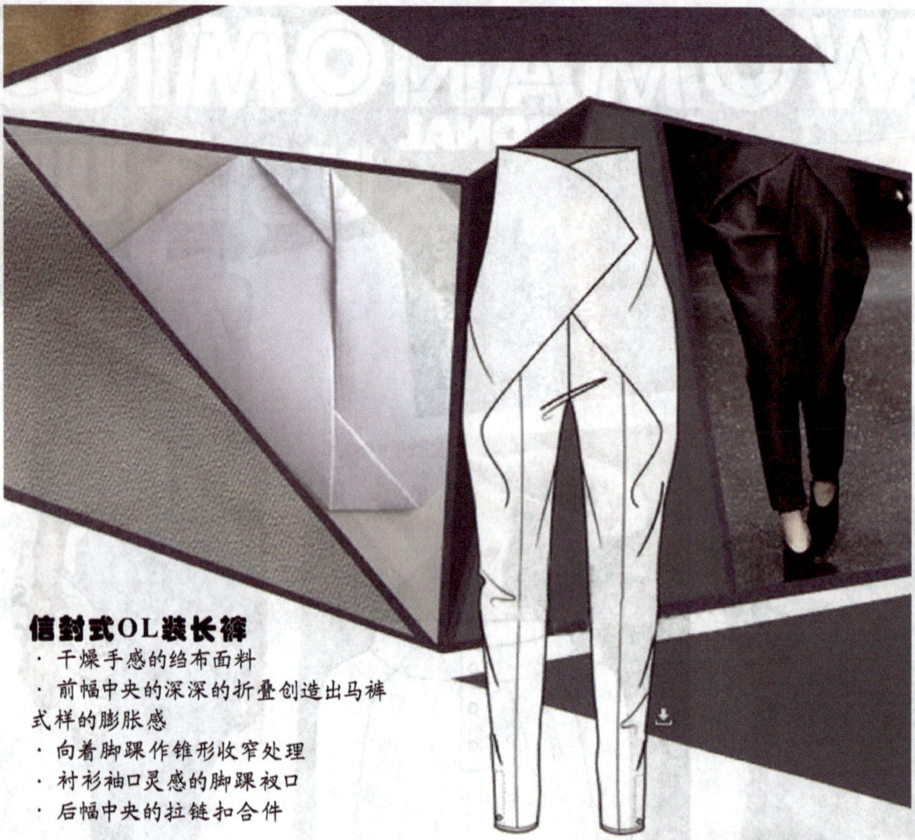

信封式OL装长裤

· 干燥手感的绉布面料

· 前幅中央的深深的折叠创造出马裤式样的膨胀感

· 向着脚踝作锥形收窄处理

· 衬衫袖口灵感的脚踝衩口

· 后幅中央的拉链扣合件

腰部有装饰短裙的披肩式夹克

· 双面的摩擦轧光羊毛织物

· 由皮革滚边所突出的衣边

· 紧身的皮革腰带

· 被隐藏的拉链

图 1.28(2) 2010/2011 秋冬女装色彩及款式流行趋势

图 1.28(3)　2010/2011 秋冬女装色彩及款式流行趋势

课后思考：

1. 为什么在成衣设计中要考虑人体工程学的要求？
2. 成衣设计师在设计中应具备哪些市场相关知识及相关综合素质？

实训项目：

调研当季流行趋势，并进行合理的分析，了解流行趋势是如何运用在成衣设计中的。

第二单元　成衣设计与市场

知识目标：

1. 了解现代成衣设计与市场需求的关系；
2. 掌握成衣设计具体开发流程；
3. 掌握成衣设计方法及款式绘制技巧；
4. 掌握成衣纸样设计原理及坯样检验方法；
5. 掌握成衣工艺缝制技巧及操作原理；
6. 掌握成衣产品推广的相关知识及具体实施方案。

能力目标：

1. 针对具体实训项目，培养学生成衣产品开发能力；
2. 培养学生在产品开发中关注市场、了解流行趋势的能力；市场调研与分析能力及产品定位能力；
3. 培养学生在成衣设计中产品整体架构能力、系列款式设计能力；草图绘制及电脑稿绘制能力；
4. 培养学生成衣产品版型设计能力、样衣缝制能力；
5. 培养学生成衣产品形象设计及推广能力。

一、成衣产品开发流程

随着时代的发展，人们越来越发现，设计已经不是一个由个人就能完成的事情，于是成熟的服装企业开始成立服装设计部和营销部，在服装企业内部，这两个部门已逐渐成为了服装企业最重要的两大支柱，在成衣产品开发过程中，产品的整体规划是由这两个部门共同去沟通执行完成的。

1. 现代成衣企业机构设置

在现代成衣企业中，怎样合理、科学地进行人员配置，是非常重要而关键的，合理的人员配置有助于改善内部管理，明确设计与生产目标，方便设计人员进行交流与协调，让设计高效、高速、高质地进行和完成(如图 2.1，图 2.2，表 2.1)。

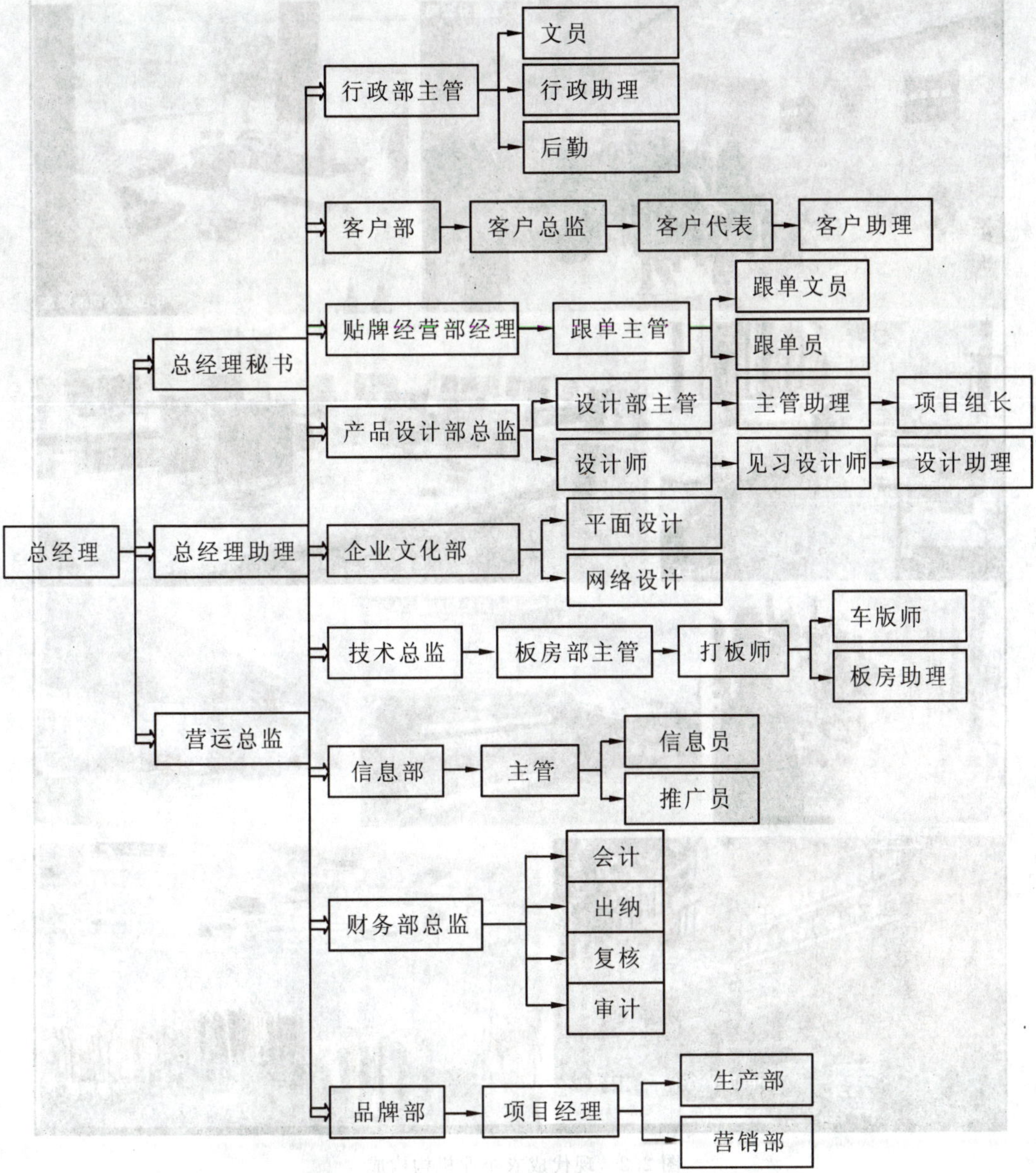

图 2.1　现代成衣企业组织机构图

图 2.2　现代成衣企业机构构成

表 2.1　成衣企业人员职能分析

职业名称	职能描述	职业资格要求
服装企业家	组织和重组社会和经济制度，使资源和环境化为实质利益；接受风险或失败；为企业长期发展，作出整体战略规划。	1. 对服装行业运行规则、服装产品有深刻理解； 2. 企业的组织管理能力。

续表

职业名称	职能描述	职业资格要求
设计总监	设计总监也称为创意总监、艺术总监，是寻找和确定本企业的内在文化与未来的风格发展方向的人物。关键：懂得创造潮流或者把握流行。	1. 艺术文化修养； 2. 个性素质； 3. 商业素质； 4. 设计管理素质； 5. 设计素质。
设计部经理	也称开发部经理，是把服装品牌设计战略具体化和丰富化的角色之一。他和设计总监区别在于：设计总监倾向设计本身的管理(设计思维管理)，而设计部经理倾向于行政管理(设计人力资源管理和设计过程管理)。	1. 丰富的行业管理经验； 2. 懂得把握全局，还需要有迅速的执行力； 3. 善于发现、评估、筛选、领导设计团队。
设计主管	在小型企业与设计经理职能相同，较大的企业设立设计主管。是更加细分化了的职务。	1. 丰富的设计经验； 2. 本人设计必须出色，以指导本小组的设计工作。
设计师	会寻找流行元素，根据设计总监的设计概念进行具体的设计。根据开发任务在统一的风格下开发产品并标明设计稿的具体细节和工艺。	1. 拥有整体品牌意识，能较快领会时装品牌的设计概念； 2. 具有能够在消费者立场设计意识； 3. 具有系列设计的能力； 4. 具有优秀的时装设计草图徒手作画能力，可以快速记录灵感和设计构思，并能够策划出设计方案； 5. 应有优秀的设计着装效果图制作能力； 6. 对时装从设计制造走向市场的全过程有足够的了解，有基本的制版知识、面辅料知识、营销知识； 7. 至少会一样设计软件，如 CORELDRAW、PHOTOSHOP 等，绘制平面结构图，进行绣花、印花等相关设计； 8. 能够善于跟同事沟通，表达； 9. 具有良好的时间观念，能够在规定时间内，运用各种手段完成设计任务。
设计助理	设计助理主要是为了协调设计过程，辅助设计师或者设计总监工作，如寻找面料、款式编号、图案整理等。 设计助理考察面料市场主要事项：收集选中面料店铺名牌、面料小样；记录选中面料价格，以便成本核算；询问面料是否有现货，如果没有，是订货还是迟点有现货；面料如无合适颜色，是否可以根据要求染色。	1. 称职的设计助理应具有服装专业基础知识； 2. 热爱服装行业，对设计的理解力强，具有吃苦耐劳的精神； 3. 细心、认真、负责、有条理的工作态度。

续表

职业名称	职能描述	职业资格要求
试衣模特	根据要求不同角度、动态演示完成样版、并能提出试穿的感受，供样衣修改时参考。	身材体形、样貌气质符合服装品牌风格。
设计部文员	整理设计部各项资料，协助设计经理和设计主管各项管理工作。	具有一定秘书知识，一定的服装专业知识。

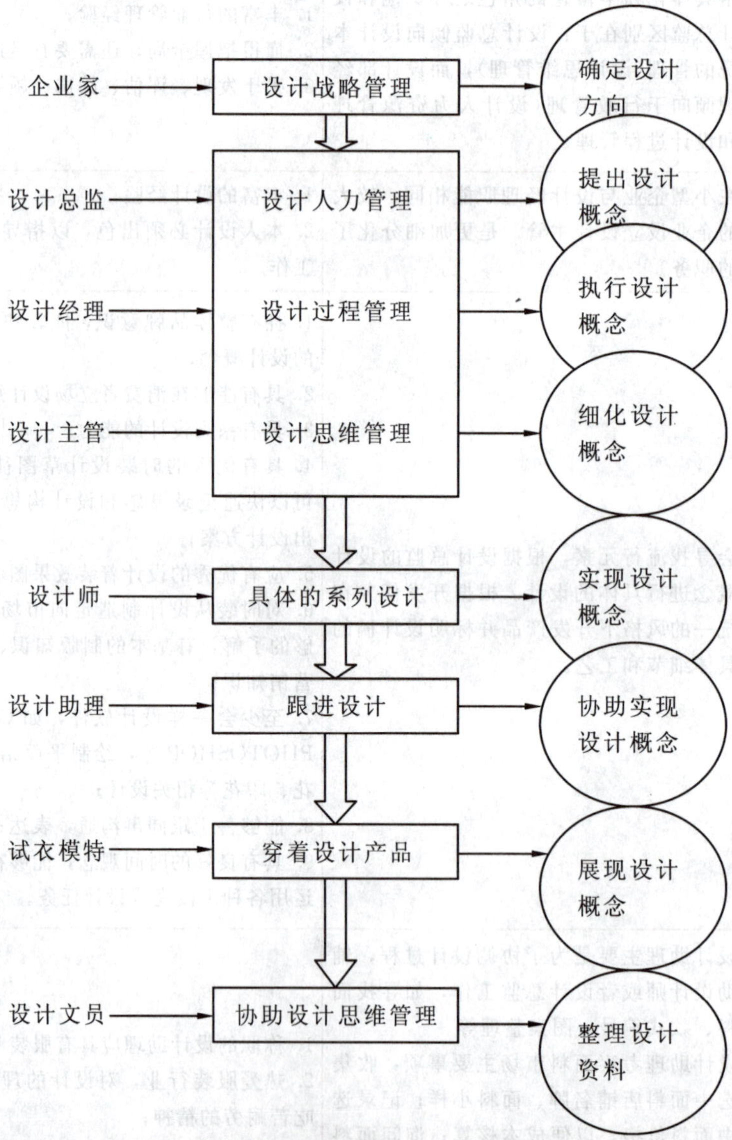

图 2.3　成衣企业职务分工结构图

2. 成衣产品规划流程

服装产品设计从确定开发方向、组织实施到最后完成，需要完成一系列的工作，无论是设计开发环节，还是组织生产环节，要想工作顺利进行，获得最佳效果，就必须按照一定的阶段和规划流程来进行。

服装产品规划的定义从广义来说是从产品的定位、设计概念的提出到开发计划的制订、系列设计的深入以及设计的评论、筛选与反思等一系列的活动。从狭义来说是针对目标消费群，对某个时间段内(单季、双季或一年等)上市的服装进行产品的方向、结构、比例关系，以及各产品开发的前后关系等进行的系列活动。

(一) 服装产品规划流程图

服装产品规划流程对产品设计后续工作的实施起到方向性和指导性的作用，在产品规划流程中，主要包括以下工作内容：市场调研、产品定位、搜集流行元素和流行预测、寻找设计灵感、设计主题和设计元素、拟定计划、建立产品架构等(如图 2.4)。

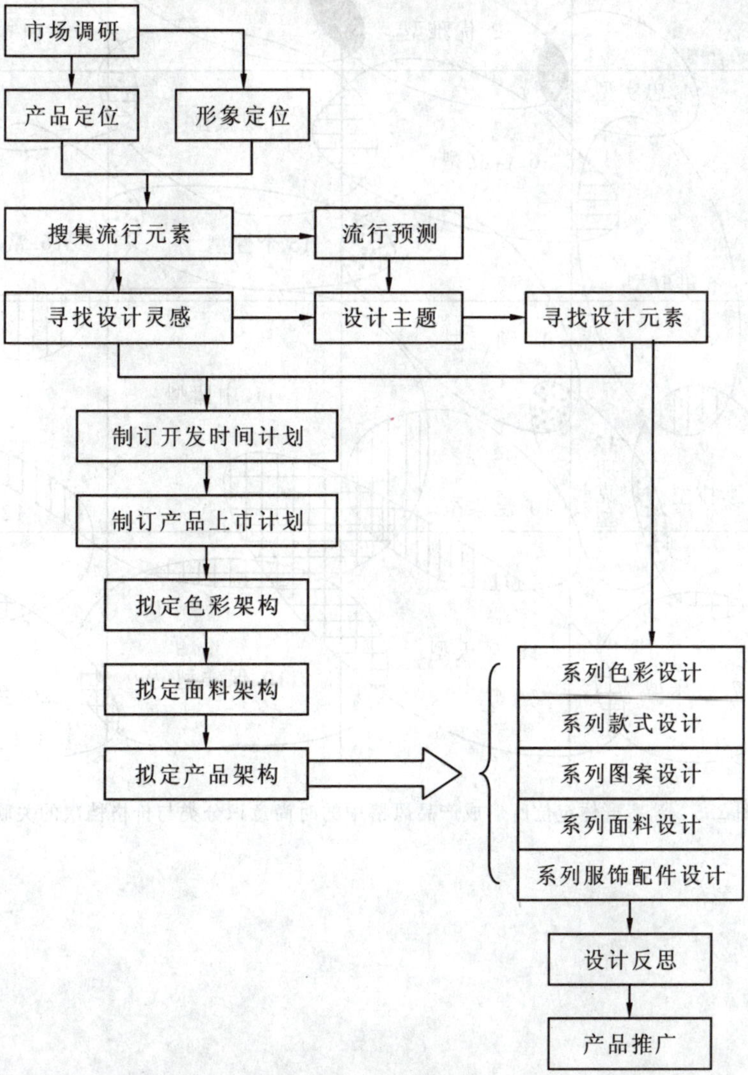

图 2.4 成衣企业服装产品规划流程图

(二)规划流程内容

(1)产品定位

在服装企业成衣产品开发流程中，产品定位是首先要做的工作，它一般是在企业发展战略计划的框架下来制定，主要包括目标消费群体的定位(如图 2.5、图 2.6)；产品风格定位(如图 2.7)；产品的类别定位(如表 2.2)；产品的营销方式定位等内容。

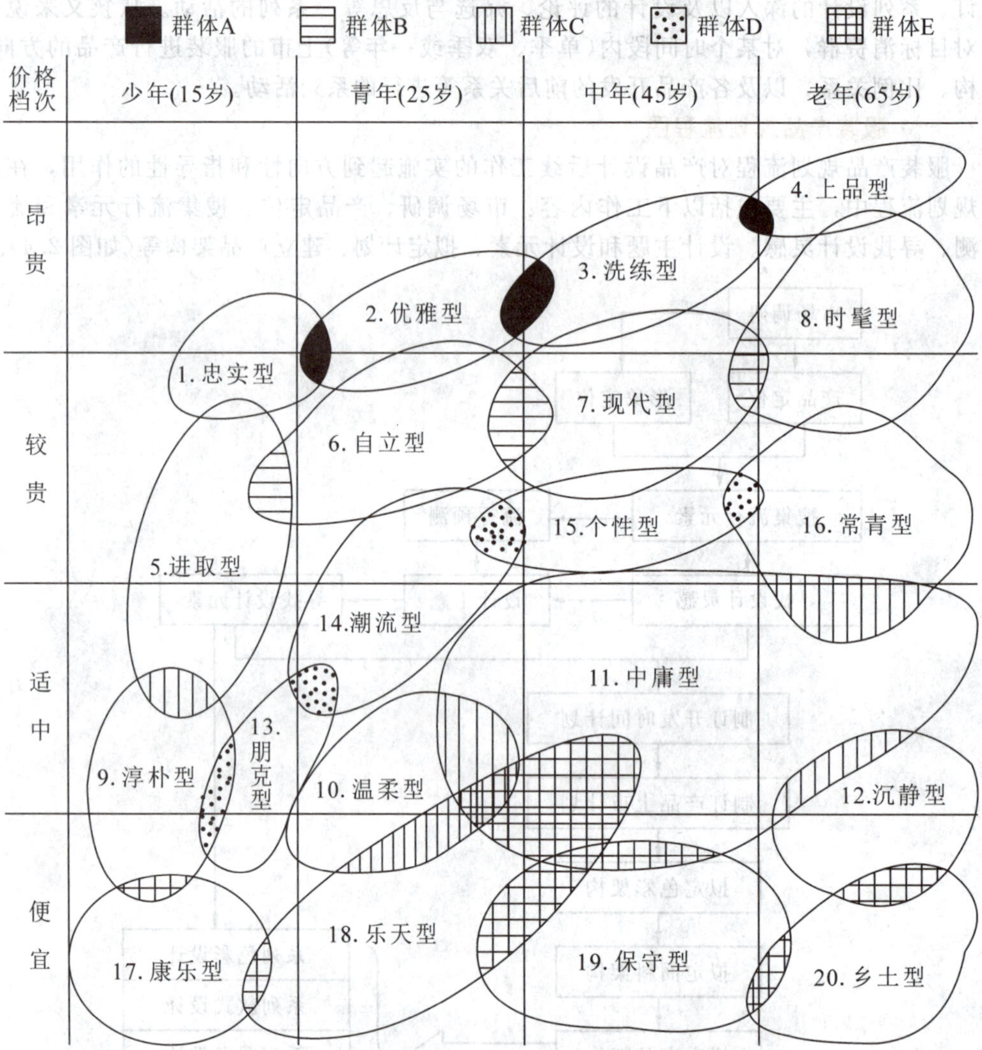

图 2.5　消费群体定位所形成产品风格中的时尚意识分类与价格档次的关联

- 25~40岁
- 追求高品质生活的知识女性
- 穿着场所：PARTY.聚会等

图 2.6　Zee man 女装 2008 春夏产品时尚都市系列消费群体定位

- 优雅的曲线
- 时尚的外表
- 经典与现代的融洽

图 2.7　Zee man 女装 2008 春夏产品时尚都市系列
产品风格定位体现了季度产品的风格特征

表 2.2　某商务休闲男装 2006 秋冬产品所设定的产品类别定位，反映了产品定位中各类产品设定架构的主次关系

序　号	产品类别	比　重	主　次
1	正装衬衫	25%	重点产品
2	休闲衬衫		
3	T　恤	8%	次要产品
4	毛　衫	10%	主要产品
5	夹　克	8%	次要产品
6	棉衣、呢克服	15%	重点产品
7	皮　衣	3%	次要产品
8	休闲裤	15%	重点产品
9	西　裤	7%	次要产品
10	围巾、手套	2%	搭配产品
11	帽子、皮鞋	2%	
12	内衣、袜子	2%	
13	挎包、钱夹	1%	
14	眼　镜	1%	
15	钢笔、打火机	1%	

(2) 市场调查

有了明确的产品定位后，就要开始进入产品的设计环节了，在实施具体设计之前，还必须进行有针对性的、更具体的市场调研和信息收集，市场调研是进行设计构想的主要依据，也是保证产品设计创造利润的最有效手段之一，市场调研的目的就是为了把握设计与消费的结合点，因此要做到尽可能详细周到(如图 2.8)。

调研的主要环节包括：

调研地点：包括在不同的服装销售地点进行调研，如商场、百货公司、专卖店、市场、网络等。

调研对象：调研的对象有三类人群，一是卖方人群，即从事营销环节的各级人士，如商场的总经理、服装部经理、柜台营销人员等；二是目标消费群，必要时还可以包括他们的家人、同事和朋友；三是相关的专业人士，如服装专家、营销专家以及同行。

调研内容：根据事先制订的产品定位方案，对拟定的产品类型与产品风格和目标消费群进行进一步的交流，认真听取他们的想法和建议，其中包括服装的价格、质量、售后服务等方面的问题。向从事营销的人士询问相关产品的销售情况，了解影响销售业绩的各种原因。

此外，还需要将本地的同类服装产品进行横向和纵向比较，分析其中的差异点和共同点，特别是已经为消费者所认识或接受了的时尚元素，以及相关产品的款式结构、色彩运用、材料特点、版型特征、工艺技术等进行深入而细致的分析与研究。

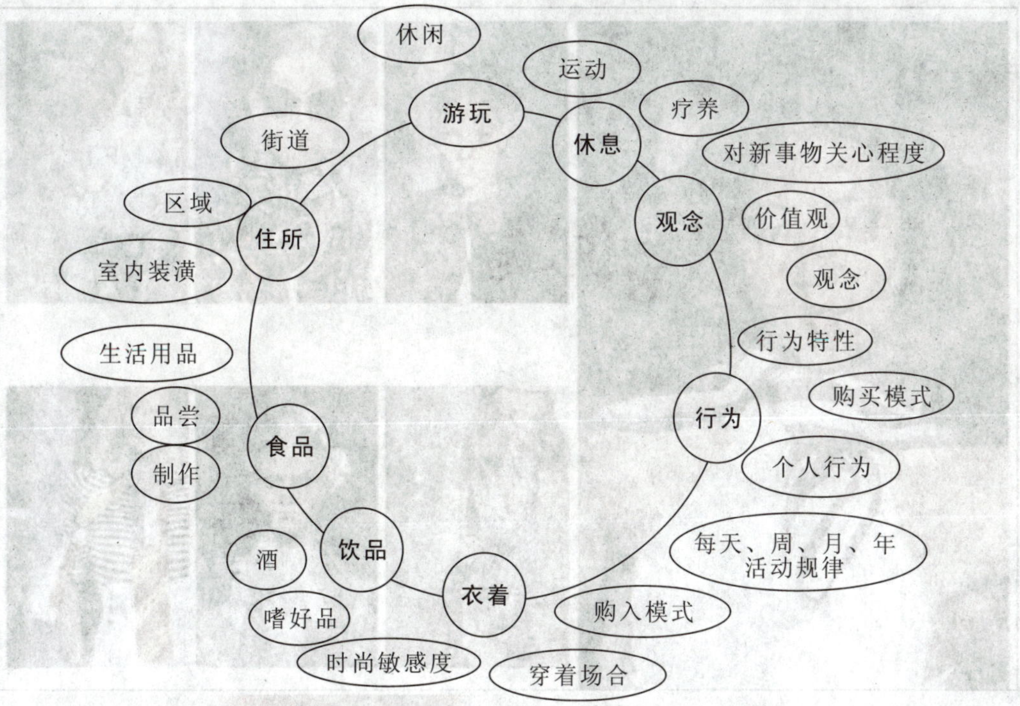

图 2.8　尽可能详细的市场调研是产品开发前进行设计构想的主要依据

(3)搜集流行元素和流行预测

信息收集与市场调研一样，都是开展设计之前必不可缺的准备工作，服装的信息主要是指有关国际与国内最新的流行导向和趋势，内容主要包括服装流行趋势、色彩流行趋势以及纺织品流行趋势等。这些信息有助于设计师了解国内外最新的流行导向，预见最新的流行状况，并在产品设计中起到重要的参考和借鉴作用。

当然，仅仅收集专业类信息是不够的，只要是与服装相关的信息都应有所涉及，如最新的纺织科技成果、最新的文化动态、最新的艺术思潮、重大的社会事件等(如图 2.9)。这些相关方面的发展动态对服装审美、流行都会带来一定的影响，因此不能不加以重视。

(4)寻找设计灵感与主题

主题的确定对设计的开展是非常重要的，主题是组织、开展和完善设计的主要依据，它能使设计的内涵明确、风格统一、产品的指向性强。

当然，在进行服装产品开发时，究竟选择什么内容作为设计表现主题，不能仅凭个人的喜好来决定，而必须要从市场需求变化、品牌风格、流行趋势等多方面因素来进行综合考虑进行确定。如某品牌男装定位为商务休闲风格，服务的对象为商界精英、都市白领，2006 年秋冬产品的开发主题之一为“办公室的故事”，在这个主题下设置的关键词为“理性、干练、效率、豁达”，主题理念则定为“摩天大楼，在快节奏生活之中游离的白领，始终保持着旺盛的精力。他们智商敏锐、处事豁达又精明能干，用智慧编造着商界传奇的故事，用魅力打造时尚之都未来的辉煌，主题色系包括主导色：深藏蓝、宝蓝；辅助色：紫色、秋香绿”(如图 2.10)。确定主题可以采用文字形式或者图片形式，也可以两种方式结合起来。在服装产品开发中，由于设计的展开必须要在有

图 2.9　服装企业新一季产品的开发是在各种信息收集及分析的基础上展开的

控制下按计划进行，所以，确定主题的方式多以图片形式为主，作为主题图片的作用有三，一是通过图片的内容，限定设计的范围，明确设计的大致类型和基本风格；二是通过图片的内容，获取需要的设计元素；三是通过提取图片的主要色彩，确定服装的色彩基调。鉴于这样的目的，在确定主题时，设计者既要对图片的内容进行用心选择，同时又要兼顾处理好该主题的色调风格，这是一项至关重要的工作。

(5)拟定计划

一旦主题确定下来了，设计团队就要着手制定产品开发时间和上市计划，这个工作一般与产品开发相关的各个部门进行合作制定。

图 2.10　主题确定及相关情境图的设定

(6)确定产品架构

产品架构即为整盘新货建立合理的结构，包括规划大致的色彩种类、面料品种和款式数量，为设计团队的设计工作建立清晰可循的纲领。

整体色调风格：对于服装产品来说，色彩是季节化设计风格和主题的第一视觉传达，特别是有多个主题、多个系列服装组成的新一季服装产品时，设计师要有计划、有主题、有节奏地理性安排色彩计划，遵循季节变化的规律，以大延续(即以延续上季产品的色调风格为主)，小变化(即根据流行的变化而加入的变化)的色彩设计手法来确定产品的整体色调，色彩方案可同时选择几组色调表达，以确立最佳的方案。

面料组群、辅料及配饰：由于受到面、辅料供应商的生产及供货周期的影响，按照服装企业的产品开发流程，需要在进行具体设计之前，先根据表现主题的需要，设计或者挑选出适合的面料组群、辅料以及配饰，并且下订单。

在选择过程中，要充分考虑到各种不同面料的手感、组织风格的合理、有效地搭配和组合。另外，对面料的价格问题也要格外引起注意，因为面料的价格将直接影响到成本和卖价。面、辅料选择工作不仅保证产品设计、开发和生产的连续性，对体现出季节性设计手法的节奏感、拓展款式设计的创造空间也是非常有利的。

款型基本风格：在进入具体的设计之前，要对新产品的基本风格面貌有一个大概的设想，如采用何种廓形，是直线型的还是流线型、是紧身式还是宽松式的，主要运用什么设计元素表现等，为进入更细、更小、更具体的设计做导向性铺垫工作。

以下为某少年装在不同主题下的产品方案的确定，从风格、造型特点、色调组群、面料特点、细节要求等方面做了严格的规划与确定(如图 2.11)。

图 2.11(1)　某少年装秋装产品设计方案，整体架构包括风格、造型特点、色调组群、面料特点、细节要求等

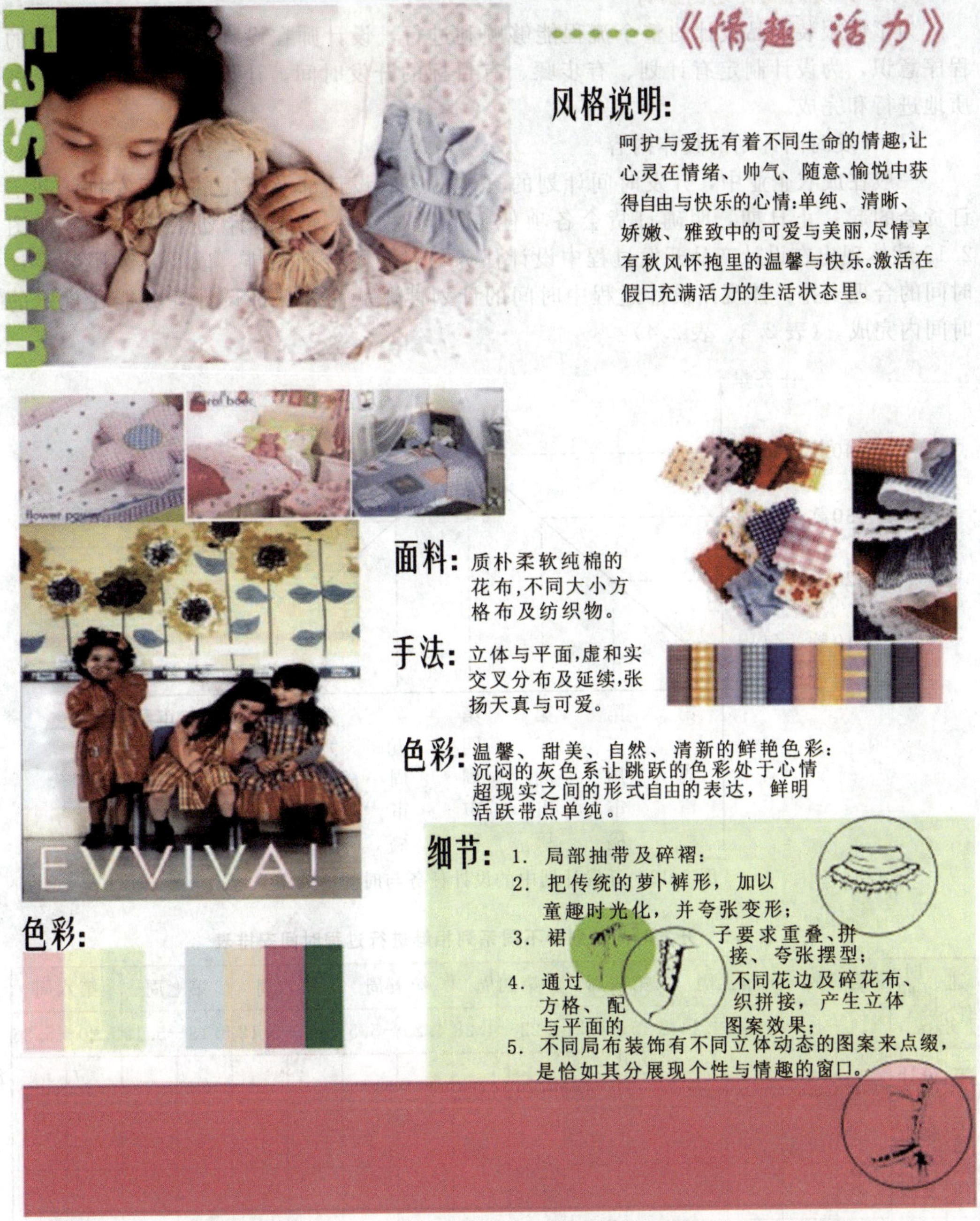

图 2.11(2)　某少年装秋装产品设计方案，整体架构包括风格、造型特点、色调组群、面料特点、细节要求等

3. 成衣产品架构

成衣产品架构的拟定是服装产品规划中的理性环节，它起到承上启下的作用，并将设计概念具体化、清晰化。整个产品架构规划包括开发时间计划、色彩架构、面料架构和款式架构等内容。

（一）开发时间计划的制订

为了使服装产品设计的整个流程能够顺利进行，设计师在设计中应建立起明确的程序意识，为设计制定有计划、有步骤、有目标的开发时间，让设计高效、高速、高质地进行和完成。

(1)开发时间计划的具体内容

一般在成衣企业中，开发时间计划的具体内容有设计部及板房的时间安排；制定订货会的起、止日期，明确订货会各项任务；同时绘制详细的计划工作表等。如图2.12就体现出在设计产品开发过程中设计任务与时间的合理安排，以及系列服装设计时间的合理安排，体现出设计过程中时间的计划性，从而能保证设计任务能在规定的时间内完成。（表2.3、表2.4）

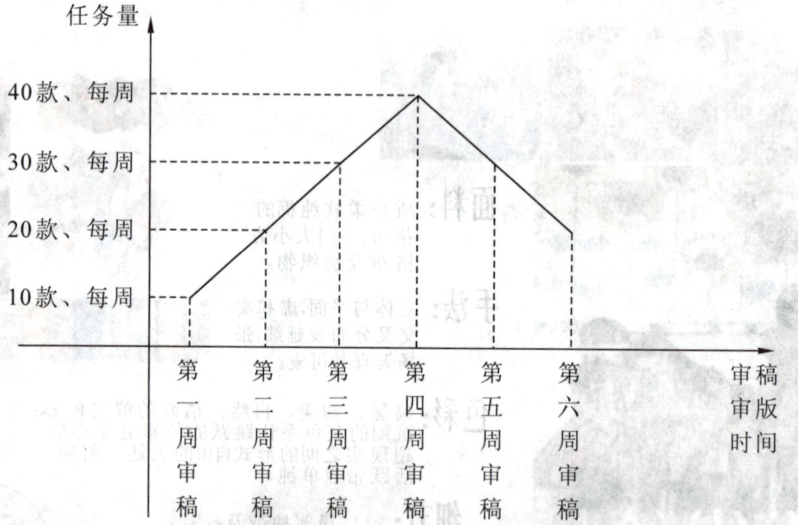

图2.12　开发计划中的设计任务与时间的关系

表2.3　开发时间计划中不同系列相继进行过程时间安排表

速度 时间 任务量		第一周	第二周	第三周	第四周	第五周	第六周	第七周	第八周
		4.1—4.7	4.8—4.14	4.15—4.21	4.22—4.28	4.29—5.5	5.6—5.12	5.13—5.19	5.20—5.26
第一主题系列	设计								
	初版								
	复版								
第二主题系列	设计								
	初版								
	复版								

续表

时间 / 速度 / 任务量	第一周	第二周	第三周	第四周	第五周	第六周	第七周	第八周
	4.1—4.7	4.8—4.14	4.15—4.21	4.22—4.28	4.29—5.5	5.6—5.12	5.13—5.19	5.20—5.26
第三主题系列 设计								
第三主题系列 初版								
第三主题系列 复版								
第四主题系列 设计								
第四主题系列 初版								
第四主题系列 复版								

表 2.4　开发时间计划中不同系列同时进行过程时间安排表

时间 / 速度 / 任务量	第一周	第二周	第三周	第四周	第五周	第六周	第七周	第八周
	4.1—4.7	4.8—4.14	4.15—4.21	4.22—4.28	4.29—5.5	5.6—5.12	5.13—5.19	5.20—5.26
第一主题系列 设计								
第一主题系列 初版								
第一主题系列 复版								
第二主题系列 设计								
第二主题系列 初版								
第二主题系列 复版								
第三主题系列 设计								
第三主题系列 初版								
第三主题系列 复版								
第四主题系列 设计								
第四主题系列 初版								
第四主题系列 复版								

(2)开发时间计划的制定原则

开发时间计划的制定原则，一是紧凑原则，要求计划工作表格尽量紧凑，保持较快的开发速度；二是弹性原则，针对设计创意过程灵活掌握速度，有张有弛。

(3)产品上市时间计划

在开发时间计划中产品上市时间的安排一般根据目前市场上不同模式下的发布时间来设定，如订货会时间、发布会时间、两个大季度时间、市场上架时间等。如表 2.5 反映了目前市场四季产品上市时间的安排。不同品牌根据各自运作不同，产品上架周期也不一样，主要有两种上架方式，一种是按初定规划上架，另一种是按市场反映快速运作上架。

表 2.5 开发计划时间中产品上市时间整体安排表

季节	上市时间	批次	销售	产品要求
春季	2 月 10 日	第一批春季产品	试探市场	基本款与新颖的产品搭配，同时上市
	3 月 15 日	第二批春季产品	根据市场反映补充产品	准确体现本季节的潮流
夏季	5 月 1 日	第一批夏季产品	节日促销，吸引消费者	产品系列中有新的亮点
	6 月 1 日	第二批夏季产品	节日促销	与其他品牌相比，有自己的显著特色
	7 月 5 日	第三批夏季产品	夏季最后一次补充产品，为明年夏季试探市场	部分产品具有超前风格，可以更加大胆和前卫
秋季	8 月 15 日	第一批秋季产品	试探市场	新颖性的产品与基本款搭配，同时上市
	9 月 10 日	第二批秋季产品	根据市场反映补充产品	准确体现本季节的潮流
冬季	10 月 1 日	第一批冬季产品	节日促销	保暖等功能性要求较高
	11 月 15 日	第二批冬季产品	根据市场反映补充产品	时尚性要求比第一批高
	12 月 25 日	第三批冬季产品	节日促销	产品须体现节日气氛
年货	1 月 10 日	新年产品	年货促销	产品须体现节日气氛

(二)色彩架构

色彩架构作为产品整体架构的组成部分，指的是在一个季度产品中，所有产品的具体色彩关系(如图 2.13)。一般产品色彩分为基本色系和流行色系两大类。基本色系是产品规划在服装总体设计中相对稳定的部分，是针对本品牌的定位消费人群的审美倾向而做出的色彩界定，也是区别其他品牌的主要的识别符号之一，体现品牌的个性魅力、风格形象的有效途径。基本色系的确定一般由两大因素组成：其一，基本色系的确定与本品牌定位人群的衣着消费习惯、审美方式中色彩的选择行为相符合；其二，基本色系的确定与本品牌定位人群所对应的着装形态、着装方式相符合。

流行色系又称为流行主题色，是品牌商品的企划者根据流向趋势适时推出的、符合本品牌风格以及被人们广泛认同的色彩系列。在衣着方式愈来愈个性化的今天，流行色早已不再局限于单纯的色彩，而是以主题色彩形成的一组或多组色彩，以便于各种风格不同的品牌通过选择，重构出自己的流行主题色系。

图 2.13 Zee man 女装 2008 春夏"邂逅简约"系列色彩架构图

(三)面料架构

(1)面料架构作为产品整体架构的一部分，是对本品牌产品整个季节所使用的面料品种、面料的厚薄、肌理对比的组合关系所做的初步规定。如图 2.14。

图 2.14　Zee man 女装 2008 春夏“邂逅简约”系列面料架构图

(2)面料架构的制定原则

价格因素：面料的价格直接决定了服装的成本。

品种因素：面料的品种不宜太多，以符合季度产品风格为原则。

厚薄因素：面料架构中，面料厚薄的选定首先遵循的是季节变化的因素。

工艺因素：根据面料印染工艺不同，可以分单色面料和花色面料，不同工艺面料的选定应该根据具体服装风格来进行。

设计组合因素：在具体设计中，必须考虑到面料的色彩组合、不同面料质感组合、图案外观组合等。

表 2.6　某商务休闲男装休闲裤单品的面料架构规划原则

类别	含麻款数	非麻款数	合计
休闲裤	36	48	84 条
开发思路	2007 年应注意秋季与冬季休闲裤厚度，北方与南方产品的上市时间，及厚薄料需求配比。休闲裤以棉及棉麻为主。棉麻类主要解决手感问题，同时要将麻棉产品做厚，着重对色彩饱合度及洗水工艺的控制，力求达到纯棉裤的外观及手感。2006 年麻类休闲裤存在色彩与季节不合现象，浅色太多，产品销售可延续时间不够，造成麻类产品销售受影响。因此 2007/2008 要注意麻类产品的色彩、厚薄及含麻风格及非麻风格的比例。		

(3) 面料架构的内容

在服装产品整体规划中，面料架构常常以表格的形式制定，面料架构表的主要内容有：面料品种、面料克重、价格范围和打板用量预估等，如表 2.7。

表 2.7　各款式单品品类与面料、工艺数据表

款式名称	面料	价格范围	打版用量预估
长袖针织T恤	棉(100%或 70%)双面平纹针织布 180g/m	20－30 元/kg	13 件长袖 T 恤用量
	棉(100%或 70%)双面拉架针织布 180g/m	20－30 元/kg	10 件长袖 T 恤用量
	棉(65%)针织罗纹布 320－330g/m	20－30 元/kg	搭配使用
针织外套	棉/涤纶(65/35)针织巴西卫衣布 180g/m	20－35 元/kg	22 件外套用量
	棉(65%)针织罗纹布 320－330g/m	20－35 元/kg	搭配使用
衬衫	棉/涤纶(70/30)机织平纹布(或色织布)	10－15 元/m	18 件衬衫用量
薄毛衣	羊毛/腈纶(50/50)	—	外加工
毛织外套	羊毛/腈纶(30/70)	—	外加工
休闲夹克	棉/涤纶(35/65)机织斜纹布(柔软处理)	15－20 元/m	15 件外套用量
	涤/棉细灯芯绒(印花或水洗)	20－25 元/m	10 件外套用量
	珠帆	15－20 元/m	10 件外套用量
风衣	风衣料	10－15 元/m	30 件风衣用量
机织长裤	棉/涤纶(35/65)机织斜纹布	15－20 元/m	12 条长裤用量
	珠帆	15－20 元/m	16 条长裤用量
	涤/棉细灯芯绒(印花或水洗)	20－25 元/m	5 条长裤用量
	涤/棉粗灯芯绒	15－20 元/m	8 条长裤用量
休闲裙	棉/涤纶(35/65)机织斜纹布(微磨毛处理)	15－20 元/m	18 条裙子用量
牛仔裤	待定	—	外加工
牛仔裙	待定	—	外加工
共计	面料品种控制在 18 种以内		

注：打版用量预估值为制作样衣所用面料量。

(四)款式架构

(1)款式架构定义

在成衣产品架构中，款式架构即是对新一季度产品的品类款式所做的规划与确定，以及所有产品的比例和数量等。一般分为产品品种的规划(如表 2.8)；产品款式规划；产品类型规划及面料分配(如表 2.7)等。

表 2.8　服装款式架构中各系列产品品类数据表

性别	上装 下装	中类比例 款数	款式名称	比例	款式 数量	第一批上市		第二批上市
						第一系列	第二系列	第三系列
女装 60% (120)	上装 36% (72)	针织 18% (36 款)	长袖针织 T 恤	4%	8	4	4	0
			长袖针织外套	5%	10	3	3	4
			薄毛衣	6%	12	4	4	4
			毛织外套	3%	6	2	2	2
		机织 18% (36 款)	长袖衬衫	3%	6	3	3	0
			风衣外套	7%	14	4	3	7
			休闲夹克	8%	16	4	4	8
	下装 24% (48)	休闲水 洗裤 6% (12 款)	直筒裤	2%	4	2	1	1
			宽筒裤	2%	4	3	0	1
			微喇裤	2%	4	0	2	2
		牛仔裤 6% (12)	直筒裤	3%	6	2	2	2
			微喇裤	3%	6	2	2	2
		休闲裙 6% (12)	休闲中裙	3%	6	3	2	1
			休闲短裙	3%	6	3	2	1
		牛仔裙 6% (12)	牛仔中裙	3%	6	2	2	2
			牛仔短裙	3%	6	2	2	2
男装 40% (80)	上装 24% (48)	针织 12% (24 款)	长袖针织 T 恤	3%	6	3	3	0
			长袖针织外套	3%	6	2	2	2
			薄毛衣	3%	6	2	2	2
			毛织外套	3%	6	2	2	2
		机织 12% (24 款)	长袖衬衫	4%	8	4	4	0
			风衣外套	4%	8	3	3	2
			休闲夹克	4%	8	3	3	2
	下装 16% (32 款)	休闲裤 8% (16)	直筒裤	5%	10	4	4	2
			宽筒裤	3%	6	3	3	0
		牛仔裤 8% (16)	直筒裤	5%	10	4	3	3
			宽筒裤	3%	6	2	2	2
共计					200	144		56

(2)款式架构的制定原则

款式架构的制定原则必须考虑到每个季节里目标消费者的常规穿着方式；本企业的产品品种优势(包括加工优势和设计优势)；上一年度该季节产品的销售反馈；本年度该季节产品的消费预测等，从而制定合理的款式规划。

(3)款式架构的内容

在一季度产品架构中，款式架构的制定内容常常包括像产品比例表、产品上市比例表、产品类型比例表、主题系列比例表、服饰配件比例表等(如表 2.9)。

表 2.9　某中型休闲品牌款式架构比例表

表 1：女装与男装比例			
秋季预计开发款量		200 款	
女装		60%	120 款
男装		40%	80 款
表 2：产品款式上市比例			
秋季预计开发款量		200 款	
第一批上市		70%	140 款
第二批上市		30%	60 款
表 3：产品类型比例			
秋季预计开发款量		200 款	
针织系列	针织	15%	30 款
	毛织	15%	30 款
机织系列		50%	100 款
牛仔系列		20%	40 款
表 4：主题系列比例			
秋季预计开发款量		200 款	
经典系列		50%	100 款
时尚系列		40%	80 款
前卫系列		10%	20 款

表 2.10　某中型休闲品牌服饰配件比例表

款式种类	款式数量	备注
帆布包	2	
背包	2	条纹印花棉布
挎包	2	
肩包	2	
腰包	3	印 LOGO 涤棉布
钱包	1	
三角巾	1	印 LOGO 涤棉布
帽	4	
内裤	2	
袜子	2	
折叠伞	3	印 LOGO 伞
合计	24	

(4)单品类款式架构

单品类开发方案中款式架构内容包括：款式、色彩、面料、设计元素及细节、每个色系的款式数量，在每个色系下再把款式数量分解到材质与款式等，为某商务休闲男装单品架构。(图 2.15 为某商务休闲量装单品架构)。

(5)单品类价位区间及主销价位

价位区间指单品价格从低价到最高价的范围，主销价位指多数产品的价格。图 2.16 为某商务休闲男装 T 恤单品的价位区间图。

二、成衣产品系列设计

1. 系列设计分析

在成衣设计中，系列服装作为一个设计主题下组织在一起的有机整体，能比单套服装表达出更丰富、更完整的主题内容，带来更美、更有感染力的视觉效果。另外，从心理学和市场需求的角度来看，由于人们求新求变的需要是永恒不变的，所以，作为企业，必须要有足够丰富的款式数量，以尽量满足消费者的各种搭配和穿着需要，这不仅提高和提升了服装产品的商业价值，而且也尽可能地减少了经营风险。

(一)系列设计概述

在成衣设计中，系列服装表现为：在同一主题下的一组相互关联的成组成套的服装群体，因此，系列中单套服装之间都有着共同的风格特点，具有相似性。同时，由于每个单套服装之间又存在着形式的变化，具有完整的和鲜明的个性特征，彼此间形成相互呼应、相互制约、相互辉映的关系。因此，数量、共性和个性是构成了系列服装设计的基本特征(如图 2.15)。

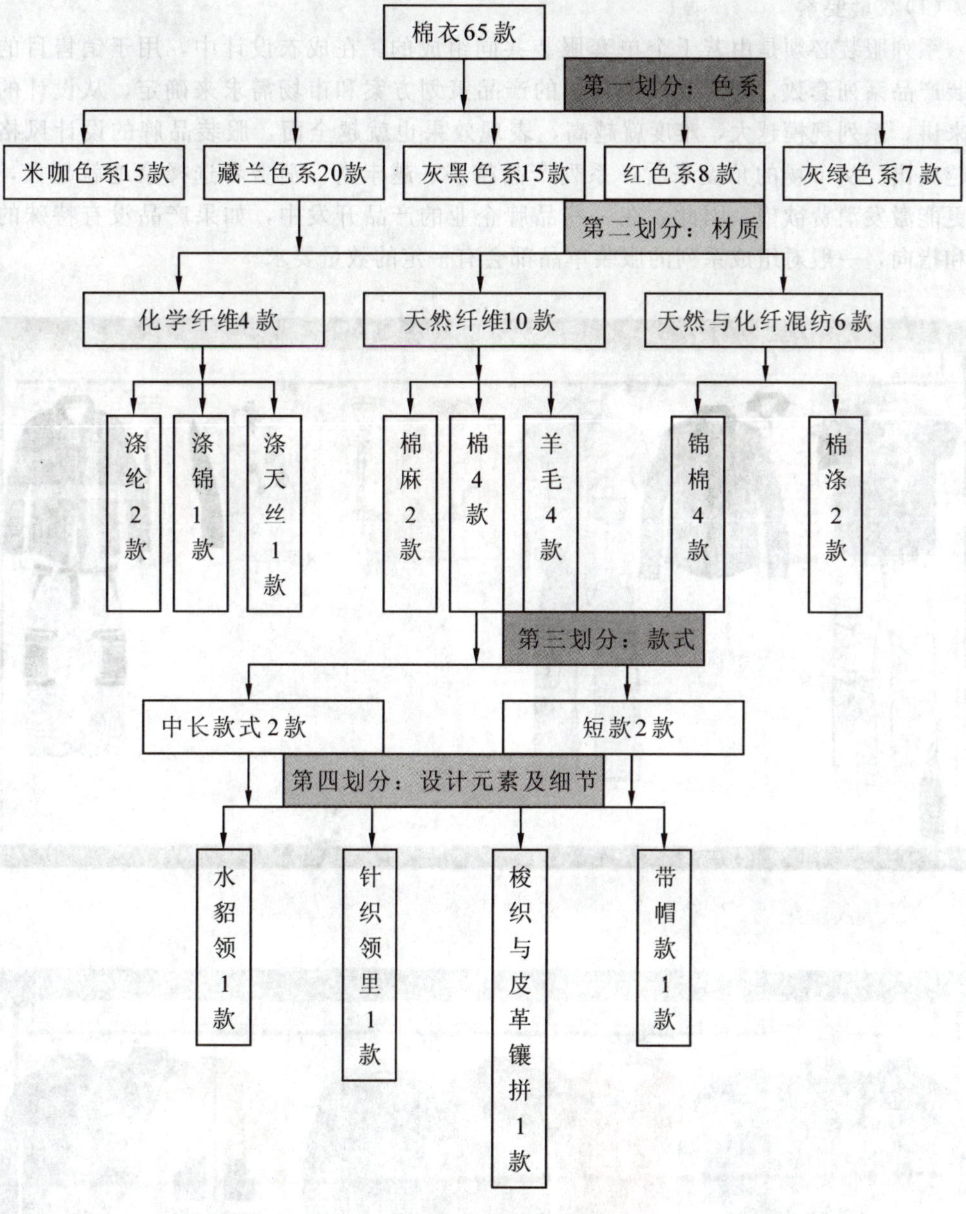

图 2.15　某商务休闲男装单品架构图

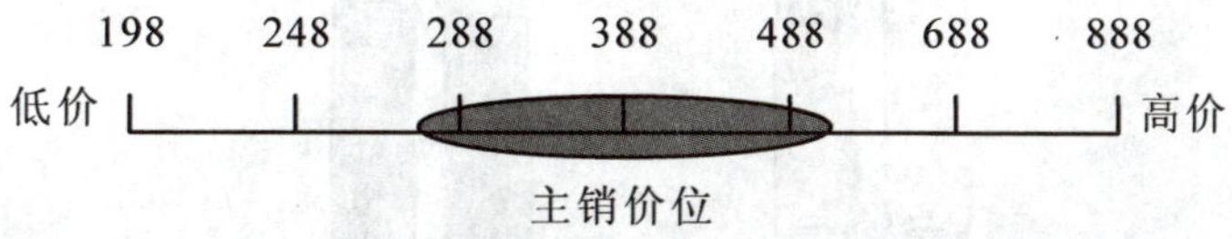

图 2.16　某商务休闲男装 T 恤单品的价位区间图

(1)数量要素

系列服装必须是由若干个单套服装共同组成的。在成衣设计中，用于销售目的的服装产品系列套数，则需要根据企业的产品策划方案和市场需求来确定，从设计的角度来讲，系列规模越大，难度就越高，表现效果也就越全面，服装品牌的设计风格也就越突出。从市场的角度来看，系列产品越多、越丰富，消费者选择余地就越大，也就更能激发消费欲望。因此，在一些品牌企业的产品开发中，如果产品没有特殊的要求和指向，一般对组成系列的服装单品都会有一定的数量要求。

图 2.17　数量、共性和个性是构成系列成衣产品的基本特征

(2)共性要素

共性，也就是在一个系列的各个单套服装中存有共有因素，才能把整体联系在一起。所以，设计师在设计中，都会有意识、有目的地在每套服装构成的各个要素中，寻找或运用相似或相像的设计元素，从而构成一个有机的设计整体。从具体的设计手法上，常常采用通过相似的形态、统一的色调、共有的材料、类似的纹样、接近的装饰和一致的工艺处理等方面，从而在视觉上产生连续感和统一感。还有就是要统一在设计主题、设计理念、设计风格等多方面表现上。

(3)个性要素

在成衣产品设计中，虽然一方面强调产品的共性要素，另一方面也要注重其个性特征，也就是讲求每套服装的独特性和异他性，真正做到共性和个性的完美结合，才能产生真正的艺术美感。

个性的形成取决于设计手法的变化运用，如造型形态、面料组合、分割比例、方向位置、开合结构、装饰内容、层次数量和松紧搭配等方面表现出的差别。

(二)系列设计方法

在成衣产品系列设计中，首先根据设计产品开发要求，先对整体系列产品的组成品种、数量和基本形态做出整体性的规划与安排，然后再逐一完善设计方法。

在进行系列设计中，关键是要做好系列的整体策划工作，如整个系列中，外衣有几个品种、几种类型，它们分别有几种长度变化，采用几种外廓造型；裤子有几个品种、几种类型，它们的长度变化如何；服饰品以什么为主，有几种使用变化等，装饰的主要内容与方式是什么等；并用整体视角审视和检查各个成衣单品组成是否合理，在基本获得认可后，再对每件单品的细节进行再深入的设计。

(三)系列款式设计

在成衣产品系列款式设计中，通过改变服装形态的宽与窄、大与小、松与紧、长与短、正与反、疏与密等变化，可以产生多种多样的形式，当系列服装需要采取同种形态的廓形时，可以通过调整局部和细节形态而获得变化，如改变口袋大小和位置、领口的高低、移动门襟位置等；相反地，当需要局部设计趋向一致时，可以改变服装的廓形来获得变化，比如通过改变上衣或下装的长短关系获得不同的上下比例，通过调整放松量改变服装的松紧关系等(如图 2.18)。

(四)系列色彩设计

在服装系列产品设计中，一般需要选择一组色彩来构成一个色系，其中，作为主色，常会出现在每套服装中，而作为辅助色，则可以通过穿插、置换、交替进行搭配(如图 2.19)。这样既整体统一，又富有变化。

另外，有些系列服装会使用几个不构成色系的单色来做设计，比如选择黑、白、黄、红、绿等，通过单色单套的反方法来强调视觉的瞬间变化，或者是整个系列仅用一至两种色彩来设计，比如全部用黑色、白色或者红色，这样的处理或是处于产品开发主题的需要，或是出于表现效果的考虑，这种色彩处理方法的系列服装，常常都以单品组合形式进行集中展示，给人一种视觉冲击力。

(五)系列面、辅料搭配

在成衣产品系列设计中，面、辅料的搭配也十分重要，一般来说，春夏系列服装

图 2.18 系列款式设计中必须考虑变化与统一的设计关系

图 2.19 服装中整体又富有变化的系列效果

由于单品组成较少，面料组合的数量和品种也较单一，秋冬系列服装由于单品组成较多，使用的面料组合的数量也丰富。

运用不同质感、肌理的面料进行对比或组合搭配是系列服装常用的也是重要的设计手法，在设计中，设计师常常会精心选择所要使用的几种面、辅料，并充分利用它们之间产生的或单薄与厚重、或细腻与粗糙、或柔软与硬挺、或飘逸与沉稳、或亮泽与晦暗等关系，同时，充分利用各种材料的性能以及制作工艺的特点，通过一定的造型组合来达到符合设计要求的外观效果(如图 2.20)。

图 2.20　运用不同质感、肌理的面料进行对比或组合搭配是成衣产品设计中常用的设计手法

(六)系列服装装饰工艺设计

装饰是重要的设计元素，装饰与服装有机地结合起来，会进一步地丰富系列服装的设计语言，增添设计的情感因素，使之变得生动而富有艺术的感染力。服装成衣设计中的装饰工艺包括刺绣、打样、拼贴、滚边、抽纱、辑线等，这些装饰工艺在服装造型中起到了点睛和强化的作用(如图 2.21)，增强了服装整体的美感度。需要注意的是，装饰是建立在造型基础上的附加价值的行为，所以，在运用时，要与服装的造型特征、服用功能保持统一的协调关系，否则，不但会失去应有的效果，还会直接影响系列服装设计的整体和谐性。

(七)系列服装配饰设计

服饰配件在服装成衣设计中，是不可缺少的组成部分，也是能获得消费者认同的重要手段。在成衣设计中，不仅可以利用相同或相似服饰配件，以获得风格上的统一，

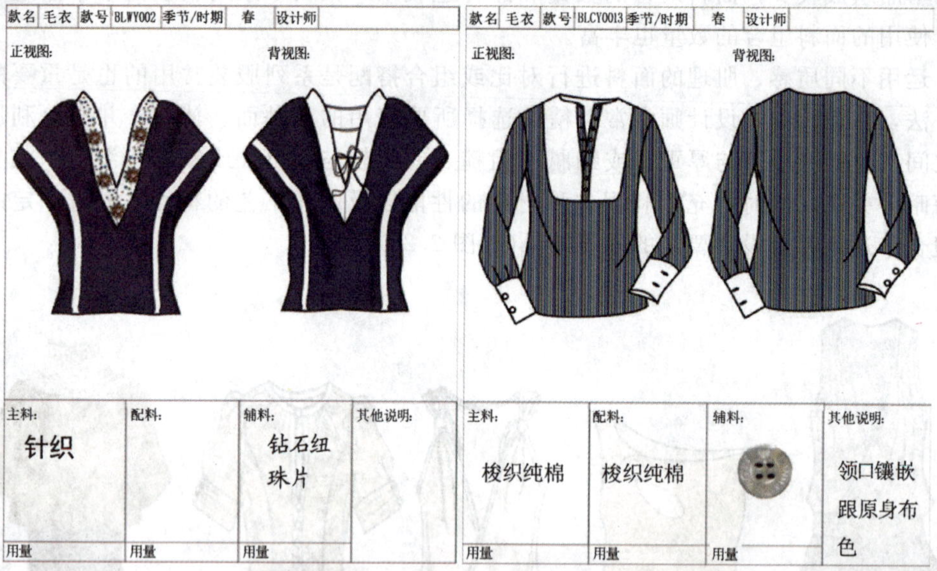

图 2.21　装饰与服装有机的结合会丰富系列服装的设计语言，增强服装整体的美感

还可以利用不同造型或者色彩的服饰配件，以求得变化(如图 2.22)。

图 2.22　服饰配件在服装成衣设计中是不可缺少的组成部分

2. 系列设计调整

(一)设计的评价

市场调研、信息整理、方案确立、最终到设计稿的完成，包括成衣的款式设计、

成衣的色彩配置、成衣的面辅料的选用以及成衣的图案设计等，接下来就是展开对整个设计综合的审视与评价，看其流行性、市场需求性、本季度成衣产品的卖点、工艺特点、后期技术要求、后整理的可实施性以及成本的控制等，整个环节集合设计总监、设计师、样衣师和营销主管等对完成的设计进行充分的讨论，探讨是否可以制成产品的可能性，并修改完善。

(二)内部挑选反思及修改

成衣作品是基于市场的一种设计，对于设计稿的挑选与修改往往在设计工作室内部进行，主要是根据前期产品策划要求，探讨产品设计的合理性和市场的针对性，它是完善成衣设计作品的一个重要的环节。

三、成衣产品样衣制作

1. 款式分析与材料选择

(一)效果图款式分析

设计效果图是设计者对所设计款式造型的具体形象的表达，它体现服装在人体上呈现出的造型、材质、色彩、鞋帽和饰品等外部形态，服装效果图传达设计者对流行的理解，同时体现多种艺术风格。

服装设计效果图的种类较多，表现手法多种多样。由于效果图在时装的表达上多使用夸张的手法，绘制上以夸张的人体比例来呈现设计概念，表现效果上具有强烈的设计师个人风格。对于投入生产使用的服装效果图，必须将抽象的效果简化成具有成衣比例的生产用款式图，要求款式清晰明了，服装的正面、背面的外轮廓线、内结构线与分隔线等细节要清楚。如果效果图是写实性的，通过分析，可以在充分理解服装的结构后直接转换成纸样。

企业内部使用的效果图稿主要用于设计师与样版师、工艺师之间的沟通，这与公司内部环境和工作习惯有密切的关系，如果遇到公司或企业之间的合作、配合关系，类似时装插图的效果图必须更改为款式图，以方便技术人员的操作。

服装款式图在不同的公司会有形式上的不同，服装款式图的主要目的是便于版师、工艺师在收到款式效果图和样版通知单后，能够直观、快速地明白其内容，并能够顺利着手展开工作。

款式图可以不必画出如同效果图的层次着装效果，仅以单线表示款式的平展状态。必须注意的是，一定要把握好其图中的比例关系，因为这张图是版师制作样版的标准。

认真审视服装设计效果图，是从事版型工作者的重要任务，在充分理解和掌握设计师的设计思想和设计要点后，精确分析造型外观特征、结构关系，深刻理解和完美体现服装造型。服装款式图就是将产品的具体款式清晰地表现出来，在款式效果图上应体现款式造型的正视图、背视图外，必要时还辅助画出侧面造型或局部细节放大图，将设计的重点或复杂的设计特征在一个比例合适并易于看懂的图示中表现出来，并且把所有的设计信息都用图片和文字表示出来。

对效果图的分析主要包括以下几个方面：

设计主题、效果图的类别、款式的主要特征和功能性、材料性、款式结构、工艺的处理形式、季节和着装者的年龄构成等(如图 2.23)。

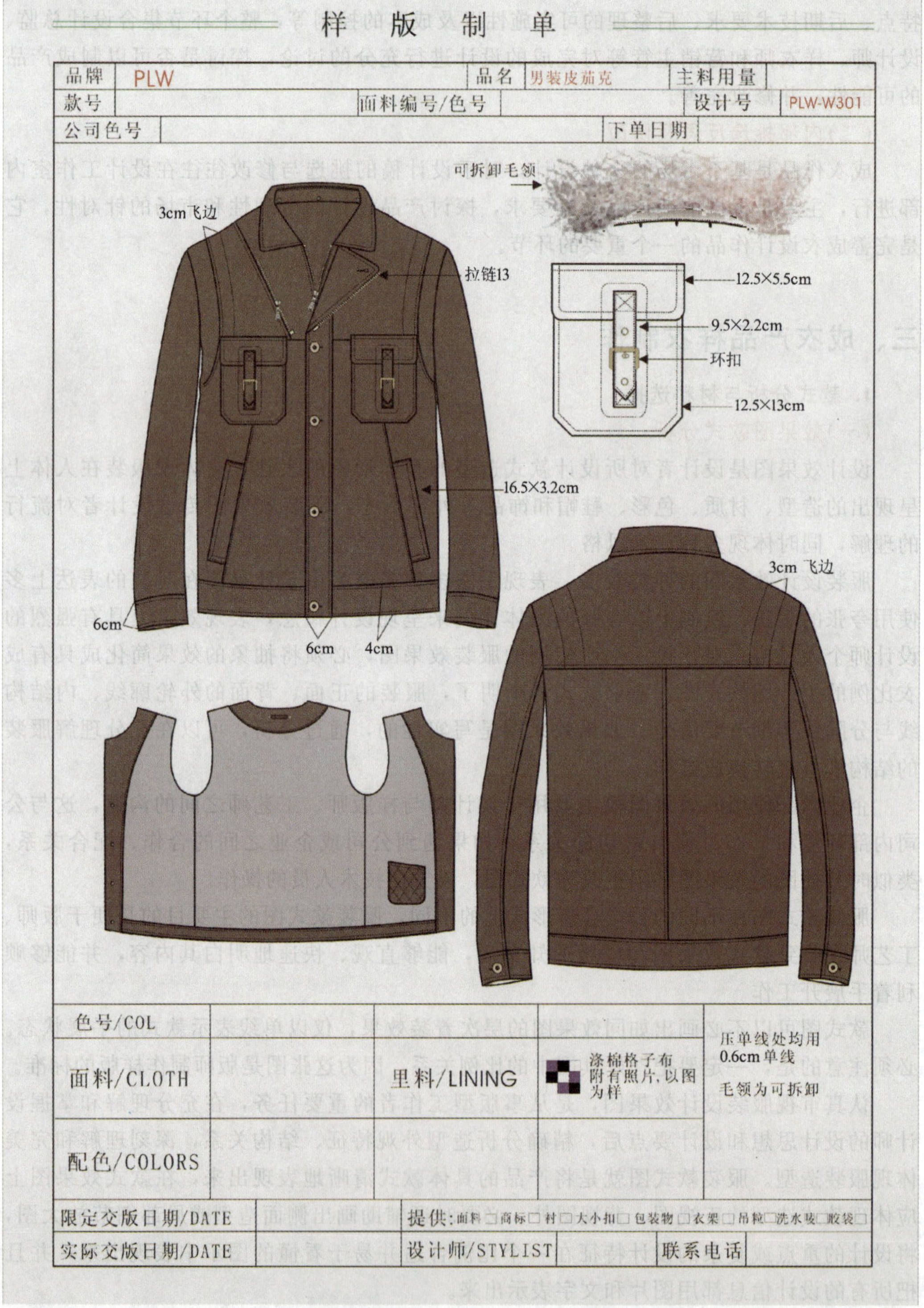

图 2.23　效果图款式分析应体现款式造型的正视图、背视图,必要时还辅助画出侧面造型或局部细节放大图,并且把所有的设计信息都用图片和文字表示出来

(二)样衣结构分析

(1)样衣结构设计的人体参数及应用

在样衣结构设计时要掌握好人体在静态与动态下对服装造型、功能的制约条件。

人体静态尺度：人体静态状态下所构成的固定的体型数据是服装结构设计中结构线尺度确立的来源。

肩斜度：是肩端点至颈根点连线与水平线所形成的夹角，女性为 20 度，男性为 21 度。其肩斜取决于肩臂部斜方肌的发达程度，男性的要比女性发达。

颈斜度：是人体的颈部与垂直线形成的夹角，女性为 9 度，男性为 17 度。颈部的倾斜度由人体平衡关系所决定。女性呈 S 形颈部自然前倾，由此决定了在合体的服装上女装后身通常加肩省。

手臂下垂时的自然弯曲的平均值：在人体自然站立时，手臂呈稍向前弯曲的状态，弯曲的程度女性约为 6cm，男性约为 6.8 cm。由此，在设计贴体的服装时要注意袖子与肩部的造型。

人体动态尺度(平均值)：人体不是静止的，运动会产生各种各样的姿势和造型，而服装的实用性能决定了在结构设计时必须考虑人体在运动状态下的尺度，来确定设计合理的结构，并留有足量的宽松度(如表 2.11)。

表 2.11

码数的对照：
XS　　S　　M　　L　　XL　　XXL　　F
加小码　小码　中码　大码　加大码　加加大　均码
关于裤子
女裤尺码对照表
女裤尺码 2 4 6 8 10
女裤标注 26 27 28 29 30
对应腰围 63 67 71 74 78 (cm)
对应臀围 79 82 85 88 91 (cm)
对应腰围 1尺9　2尺　2尺1　2尺2　2尺3
对应臀围 2尺6　2尺7　2尺8　2尺9　3尺女牛仔裤的号码与尺码
26 号牛仔裤：1尺9寸，臀围：2尺6，裤长：一米零三
27 号牛仔裤：2尺0寸，臀围：2尺7，裤长：一米零五
28 号牛仔裤：2尺1寸，臀围：2尺8，裤长：一米零八
29 号牛仔裤：2尺2寸，臀围：2尺9
30 号牛仔裤：2尺3寸，臀围：3尺
31 号牛仔裤：2尺4寸，臀围：3尺1

续表

32号牛仔裤：2尺5寸，臀围：3尺2
33号牛仔裤：2尺6寸，臀围：3尺3
目前大部分品牌的牛仔裤无论码数，裤腿的长度都是一样的
关于衣服
F码是均码的意思　一般实际码数在中号和大号之间
大码和小码又是怎么区分的呢
常见的服装尺码和身材的对应关系作参考
S＝160/68A　M＝165/72A　L＝170/76A　XL＝175/80A

	身高/cm	胸围/cm	腰围/cm	臀围/cm
S	158－162	72－80	66－70	80－88
M	163－167	81－87	71－74	85－93
L	168－172	88－94	75－78	90－98
XL	173－177	95－101	79－81	95－103

(2)服装号型规格

服装号型：为了统一全国服装规格，1997年11月3日国家颁布了标准服装号型GB1335.1－GB1335.3－97，代替GB1335.1—91标准。

服装号型的定义：号，指人体的身高，以厘米为单位表示，是设计和选购服装长短的依据；型，指人体的胸围、腰围，以厘米为单位表示，是设计和选购服装肥瘦的依据。

上装的型表示净体胸围，下装的型表示净体腰围。体型是以人体的胸围与腰围的差数为依据来划分的，并将体型分为四类。体型分类代号为Y、A、B、C如表2.12。

表2.12

体型分类代号	Y	A	B	C
胸围与腰围之差	22－17	16－12	11－7	6－2

号型表示方法：上下装分别标明号型。号与型之间用斜线分开，后接体型分类代号。

例：上装160/84A，其中160代表号，84代表型，A代表体型分类，下装160/68A，其中160代表号，68代表型，A代表体型分类。

服装号型系列：号型系列是以各体型中间体为中心，向两边依次递减或递增组成。身高以5 cm分挡，组成系列；胸围以4cm分挡，组成系列；腰围以4cm、2cm分的挡，组成系列；身高与胸围搭配分别组成5.4系列；身高与腰围搭配分别组成5.4、5.2系列。

例：5.4号型系列中，上装160/84A：160号表示适用于身高在158－162cm之间的人；84 型表示适用于胸围在 82－85cm 之间的人；A 表示适用于胸腰差在 18－14cm 之间的人。

(3)服装制图符号

制图符号是进行结构制图时，为了使图纸统一、规范、便于识别，避免识图差别而统一指定的标记(如表 2.13)。

表 2.13

名　称	制图符号	说　明	制图代号	名　称
粗实线		结构图轮廓线	B	胸围
细实线		结构图基础线	BL	胸围线
点划线		衣片边接线，表示衣片对折痕迹	W	腰围
折边线		表示衣片的折边	WL	腰围线
等分线		表示将线段等分	H	臀围
虚线		衣片背面的廓线	HL	臀围线
刀眼符号	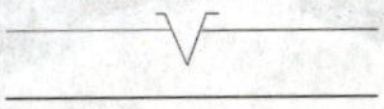	在缝份上做缝制时的对位记号	FBL	前胸宽
明线符号	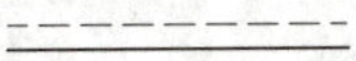	衣片表面迹明线的记号	BBL	后背宽
缩缝符号	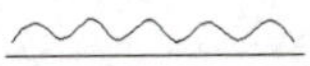	表示衣片此部位需缝缩	FWL	前腰节线
直角符号		衣片此处呈直角	BNL	后腰节线
经向号		面料的经纱方向	MH	中腹线
毛向号		面料毛绒方向	BP	乳尖点
裥位	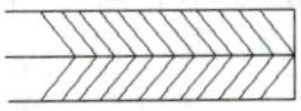	表示这一部分面需有规律地折叠	SL	裙长、袖长
省缝	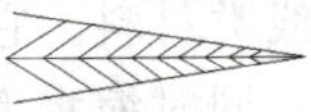	表示这一部分需缝去	EL	肘线
拼合记号		纸样拼合符号	S	肩宽
等长	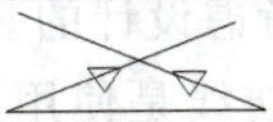	表示两条线段等长	SP	肩点
归拢		表示衣片此部位需要熨烫归拢	N	颈围
拨开		表示衣片此部位需要熨烫拉伸	SNP	颈侧点
纽位		钉纽扣位置符号	NW	领宽
扣眼位		扣眼位置符号	AH	袖窿弧线

(三)面辅料的选择(如图 2.24)

服装的选料关系到服装设计的风格是否能够实现，制作工艺是否能达到的关键。选择服装材料不仅要有较强的辨别能力，把握好服装的设计风格，使面料风格与服装的设计风格一致，还要具有成本意识，特别是对成衣设计来说，要根据设计定位、目标销售价格，考虑材料成本以及工业化的生产。

图 2.24　选择面料

材料的选择包括服装面料及里料、衬料、缝纫线、纽扣、拉链等辅料。材料中面料是最主要的，其色彩、质感、手感等要符合设计风格。通常在款式造型设计时，设计师已经选定了面料和辅料。

服装辅料主要包括里料、衬热料、絮填料、缝纫线、纽扣、拉链、花边、垫肩、商标等。在服装设计和生产中，辅料选配得当，可以提高服装的质量和档次，改善其服用性能。反之，则会影响服装的整体效果和性能。

缝纫线是必不可少的辅料，是用缝纫机或手工缝合的线类材料。它同时具有功能性与装饰性作用。缝纫线要求光滑、均匀，有一定的强度，同时缩水率小，具有耐热性。缝纫线特性应与面料相匹配，缝纫线的粗细应取决于面料的厚度与质量，按照不同面料和操作要求选用适当品种规格的线。装饰明线还要考虑设计的装饰要求。同时，缝纫线必须和衣料对色，注意线的色牢度。目前，涤棉混纺线是使用最广泛的一种缝纫线。但如果缝制高级毛织品和丝织品时宜采用丝线，不宜使用棉线，因为棉线一般采用直接染料染色，容易褪色。另外，一些需要后处理的服装，如水洗、砂洗等要考虑缝纫线的色牢度和强度，防止出现开裂、脱色等情况。

辅料品种丰富，功能和用途广大，是服装必不可少的组成部分，对服装的品质和功能起着举足轻重的作用。作为设计师，应给予足够的重视。对服装材料，尤其是对新型的纺织品材料要具有敏锐的觉察力，且正确地加以选用，保持织物风格与款式风格一致。

在制作服装的过程中，服装面、辅料具有比较关键的功能，对它们的选择和使用除了在性能上考虑外，也不能忽视它的价格，因为服装辅料是服装成本的重要组成部分，不能一味地追求完美而选用高价、昂贵的材料，应与预先指定的目标销售价格相匹配。

2. 绘制样衣结构纸样(如图 2.25)

服装版型在纸样上的获得方法较多，本书重点介绍平面设计方法。

图 2.25　绘制纸样

这种方法特别适合于成衣化生产，它成本低、效率高。对有一定经验的样版师而言，它简单易行，但对初学者而言，要经过一定的实践才能掌握平面到立体的转换。平面方法有很多种，这里主要介绍基本纸样法。

基本纸样，在日本被称为“原型”，英国、法国、美国称之为“基本纸样”。基本纸样是根据人体的基本尺寸，加上适量的松份(用于呼吸及活动)，依据人体体形，预先制成服装的基本型，服装原型和基型同属于基本纸样。按款式要求，在基本纸样的基础上进行加放或缩减便可得到服装的纸样。

不同的公司有不同的服装基本纸样(原型)，甚至在同一个公司都有所不同，不同的原因是因为所有的公司对所给的尺寸，都用不同的测量方法。由于造型方法的不同，公司要用自己的测量方法来获得尺寸。但是，不管采取什么样的方法，所有的服装基本型(原型)都必须通过缝合、试身、修正、展开，对其精确性、合体性和缝线的平衡进行检查。尽管基本纸样采用的方法和结构特点各有差异，但在应用方法和变化规律上都是一样的。

在使用中如何获得纸样，不同的设计师有不同的风格习惯，无论采取哪种方法，熟练地把握服装的基本型是其方法的核心。

人体的基本结构与体型特征是服装造型的依据，只有掌握人体结构、外型状况和运动规律，才能迅速有效的实现设计构思(如图 2.26)：

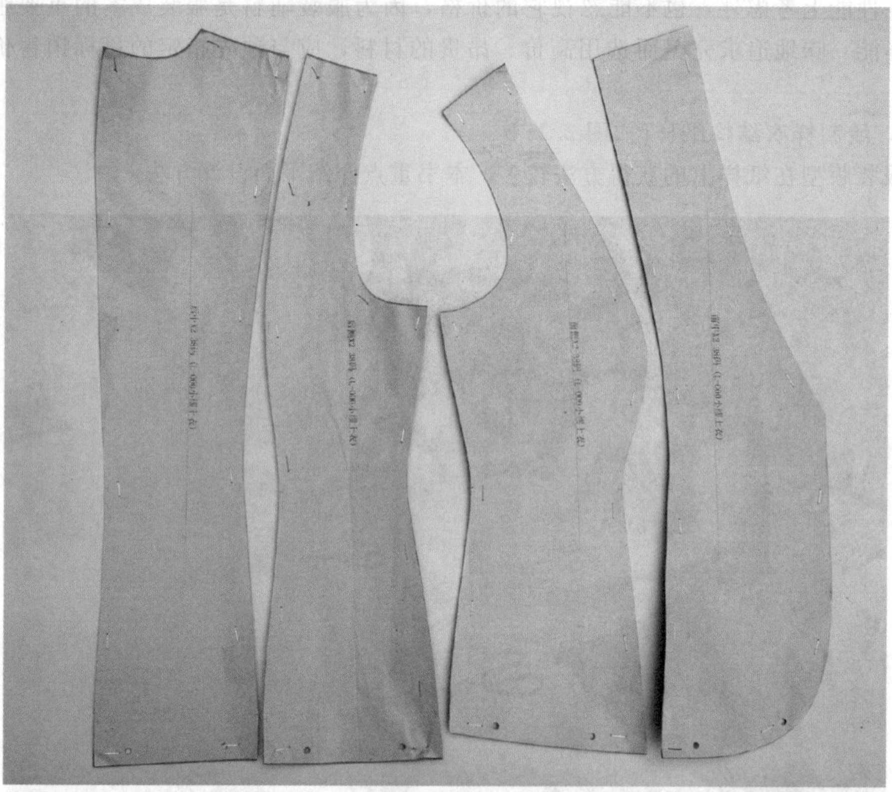

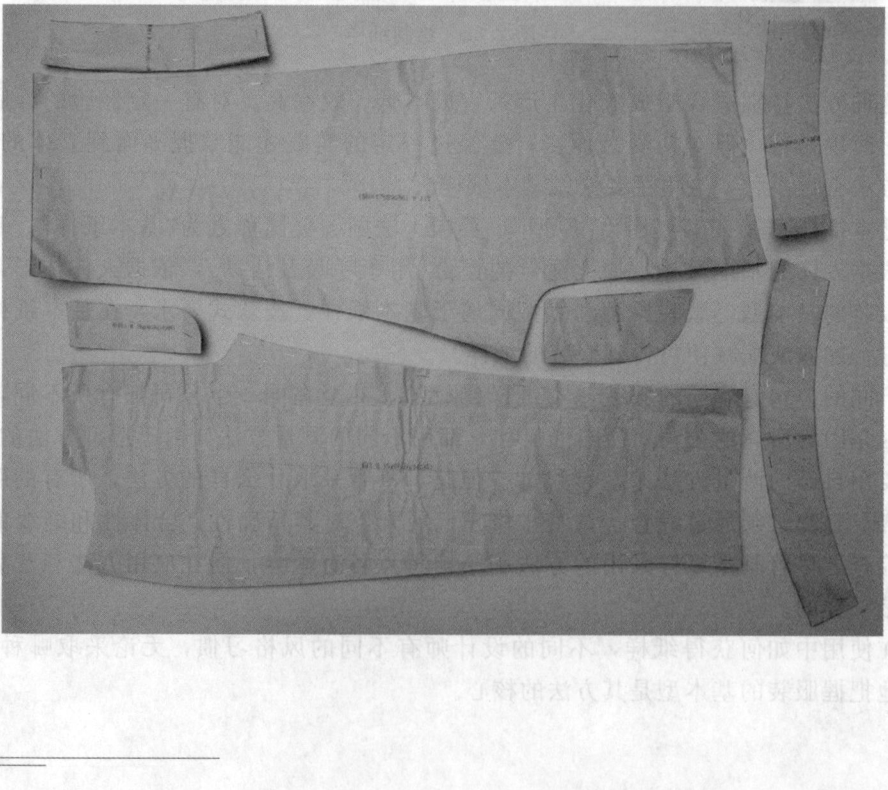

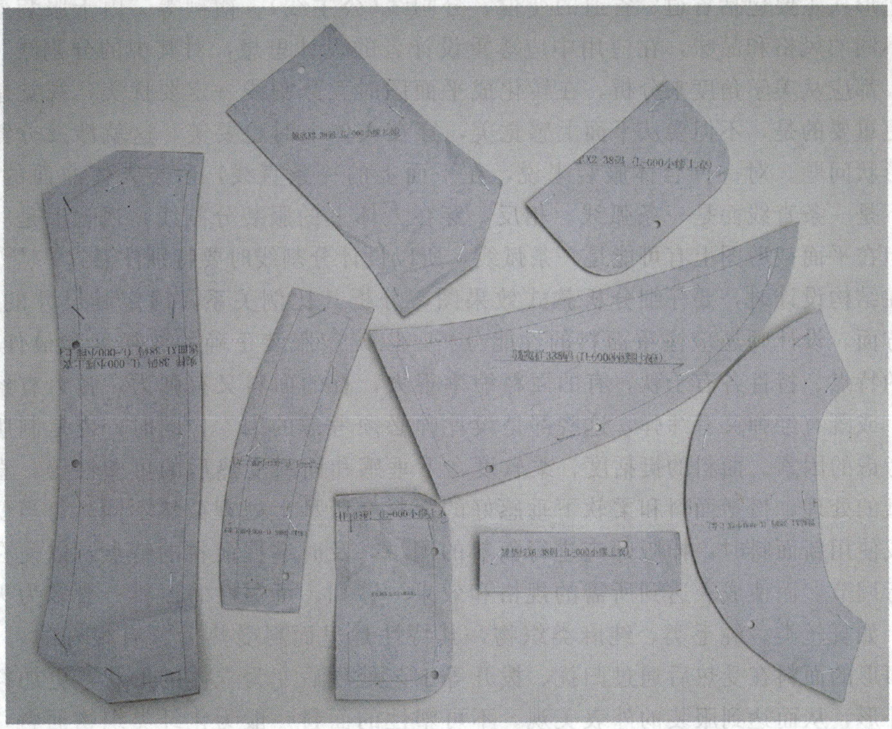

图 2.26　实现设计构思

(一)绘制纸样步骤

(1)根据效果图分析服装的廓形、结构和比例。

(2)确定成品规格和细部尺寸。

(3)根据款式廓形选择基础纸样。

(4)后衣片—前衣片—领—袖窿—零部件。

(5)基础线—外轮廓线—内部结构线。

在经过仔细分析效果图后，确定内部分割线的位置、比例。在绘制结构样版时，首先应根据效果图确定出服装的型，是宽松型、合体型还是紧身型，然后选择好基础样版，再去定加放量(服装加放量是服装造型好坏的关键)。在绘制样版之前进行列表分析，可以清楚地看出效果图款式与平面结构纸样的关系，找出服装款式的特征、服装构件的组合、人体与服装的关系、服装规格尺寸，从而快捷准确地绘制出服装的结构纸样。

以女装胸围为例：一般宽松式服装在人体净体的胸围加放 20cm 左右；合体服装在人体净体胸围加放 14—16cm；紧身服装在净体胸围上加放 8—10cm，对合体紧身服装来说，还有一个关系到服装型的好坏的部位数值，即腰围加放量，腰围取值合适，才能显示出人体曲线，使服装看起来美观，腰围的加放量的取值，根据合体程度的大小可在 4—10cm。当然对于缩放量的取值并没有定数，应根据具体的服装设计图所表现的服装款式风格来进行。在操作时应反复仔细研究斟酌。

服装设计中的立体形态的服装，是通过服装裁剪中的一些工艺形式来达到的，这些工艺形式主要包括省道、省道的变位、分割线(公主线)、褶裥等。由于服装效果图都有不同的风格和品味，在应用中应尊重设计者的设计思想，对其中的分割线、造型线等，都应从美学角度来分析，在转化成平面图时，分割线一定要优美，视觉感受要好，更重要的是，不但要从平面上感觉美，穿在人体上时也要美，这就涉及分割线的位置形状问题。对一件合体服装来说，在平面上的一条直线，由于人体曲面的缘故，它并不是一条直线而是一条弧线。相反，穿在人体上的服装分割线，视觉上是一条直线，但在平面裁剪图上有可能是一条弧线，所以设计分割线时要特别注意这一点。

在结构设计时，要仔细分析款式效果图，分析其比例关系，确定其尺寸的取值。另一方面，设计师还应注重面料的性能分析，以确定服装正确的放松度和最佳比例。面料的特点、特性各有千秋，有的面料缩率很大，有的面料又有弹力，弹力有经弹或纬弹，或既有经弹又有纬弹，这些都是设计师必须考虑的因素，同时，也是制版师所必须考虑的因素。面料的挺括度、柔软度、下垂感和面料受热后的可塑性等，直接影响版型的处理，挺括面料和柔软下垂感好的面料在版型上处理截然不同。每当要更改面料或使用新面料时，样版师应进行面料的测试，及时掌握面料的特点，以便在样版上进行调节，而使成衣达到所需的规格和效果。譬如，可塑性的面料一般多为天然性织物，如真丝类、纯毛类、纯麻类织物，其特性是里面料受热后具有很好的可塑性，使平面形的面料在受热后通过归拢、拨开等工艺处理后变为立体的形状，更加符合人体的外形，从而达到服装的外表美观。不可塑性的面料一般为化纤类织物面料，不具备以上的特性，所以制板时就不能考虑工艺处理这一环节，必须要通过样版的造型处理后才能达到理想的状态。

考虑面料性能，机织面料要考虑面料的自然缩率、缝缩率、水洗缩率，对针织面料应考虑在铺料时的压力使面料裁完后裁片的弹力回缩，所以，在制作工业样版时，都要在原衣长的基础上再加出富余量，使成品服装达到尺寸要求。

总之，在结构设计中首先要把握外轮廓造型，确定其基本款样版。其次突出裁片的细部形状，注意整体与细部的组合关系，达到整体服装的美感。对一些款式变化较大，合体程度高的服装，可以采用试样校正或立体裁剪的方法，这样更加直接，效果更能与设计相一致。

(二)基础样版的选择

基础样版可以自己根据款式基本型选定的规格，在同一规格的人台上进行立裁操作，以获得基本型样版。也可以选用现有的较成熟的服装基本型，不管采用哪种基本型，一定要对基本型本身的适体度、放松量，以及基本型在人体上的穿着效果要了解、掌握。

3. 样衣裁剪制作(如图 2.27)

裁剪的任务是将整块的服装材料按所需服装样版切割成不同形状的裁片，以供缝制。裁剪质量的好坏直接影响衣片是否能准确地按样版成型以及最终样品质量的好坏。同时裁剪还决定着材料的消耗，如裁剪排料方案设计不当，就会增加材料的消耗，增大成本，对于成衣生产来说，影响的不是一两件产品，而是一批产品，直接影响企业的经济效益。

图 2.27　样衣裁剪

(一)样版准备

在开始裁剪样衣前要做以下工作：

——检查样版数量、标记、刀口、对位点等。

——样版数量，每个裁片都应有样版。对于对称的款式，样版就应是一对。

——标注纱线方向、成对样版的标注、样版正反面区分标注、分离纸样的标注、材料标注等。

——经纱方向标准是否正确。

确定样版与面料之间的关系。面料有经纬向之分，同时其经向与纬向表现出不同的性能。一般经向挺拔垂直，不易变形，纬向略有伸长，45°方向的悬垂性最好，同时面料伸长。所以在不同衣片的用料上，有直料、横料、斜料之分。在裁剪之前一定要明确样版与面料经纱方向关系。如果方向不一致，做出的衣服是扭曲的，或悬垂感不好，并且是无法修正的。

(二)试制坯样(如图 2.28)

服装设计是创造目标的艺术形式，将裁剪、缝制等工艺转化为最终产品，是将设计意图得以完美体现的重要环节。

在用面料制作样衣前，先要用白坯布或代用布试制坯布样衣，以检验造型结构的合理性。

不管是采用立裁方式获得的衣片还是采用平面方式得到的衣片，在实缝前，都要先用大头针别制，在人体模型上观察衣服的外轮廓形，长度、围度、衣纹效果、悬垂感以及分割的位置，领、袖等局部造型效果等。设计师要和样版师一起，对照效果图共同商定修改方案。在初步确定的坯布样基础上，可用疏缝假缝成型，再在人台上或请真人模特试穿，进一步观察、检验坯布样衣，对照效果图，仔细核对其比例线条，并做修改补正。同时还应检验服装在动态和静态中的轮廓线变化，对坯布样中出现的问题需在样版上一一修改。

在试制坯布样衣的制作中，并非机械地依据设计效果图将服装的造型表现出来，

图 2.28　试制坯样

而应是在制作的过程中继续补充和完善其主题设计构思。作为设计师要注意和样版师之间的沟通，而作为样版师也要主动了解、把握好设计主题的关键词。通过制作坯样，修正原有设计构想中的不妥之处，进一步协调设计造型中各个部分之间的比例、结构关系。

（三）排料

排料前一定要对产品的设计制作要求和制作工艺了解清楚，对使用的材料性能、特点有所认识。在保证设计制作工艺要求的前提下，尽量减少面料的用量是排料时应遵循的重要原则。排料时应把握以下原则：

——注意布纹方向。

——注意正反面。单向铺料时要避免一顺的现象。

——对条、对格、对花、倒顺毛。注意条格、印花、绒毛的方向及位置。

——避免色差。如边色差、段色差等。

——节约材料。先大后小，排料时先将较大的样版摆好，再将小的样版摆放在余下的空间，精密套排。排版时相似外形互相配合，尽量减少样版间的空隙，充分利用面料。

（四）画样与裁剪

（1）画样

面料画样。将样版直接在面料上排料，用画粉将样版形状画在面料上。用画粉是最简单方便的，但画线过粗，不利于精确裁剪。

纸皮画样。将排料结果通过细钢笔或尖的铅笔在与面料同幅宽的纸上画出，作为裁剪时的依据。有专门为排料图印刷的纸，使用纸来排版的优点就是精确。画样要准确、清晰，线迹连贯、顺直圆滑。画笔的颜色要明显，但要防止污染面料。

(2)裁剪

单件样衣的裁剪一般使用普通缝纫剪。在裁剪时要严格按照所画的轮廓线进行，保证衣片与样版的一致。一般应先裁较小的衣片，再裁较大的衣片。如果先裁完大片再裁小片，就不容易把握面料，造成裁剪不准确。

保持剪刀的锋利，确保裁片边缘干净、利落、不起毛。严格按样版进行，定位孔、剪口位置要准确。

在修改确定后的坯样基础上，按照纸样，使用选定的面料、辅料，根据预先指定的工艺流程来逐步缝制服装的各个部分，最后进行组合缝制样品成衣。在缝制制作前必须慎重考虑缝制的形式、缝迹、缝型、熨烫的形式和顺序，尽可能采用简单合理的、保证质量、效率又高的加工工艺。对工艺的设计应根据预定的价格和目标消费市场的不同来考虑。因为不同类别的服装有着不同的衡量标准，你不能要求在街头摊点出售的服装和专卖店的知名品牌服装在服装制作工艺上有着一样的品质。在整个缝制过程中，各个部分的结构要准确、合理。

(五)图纸的形式规范

——图纸名称：服装设计裁剪图。

——图纸规格：在正确标准纸张内，以 1∶1 的比例制作。

——图纸项目：其项目包括图框、标题栏、图名、裁剪图、数据标注、数据表或号型系列数据表以及相关说明。

——标题栏应表达的内容包括：设计单位名称，服装名称，图纸名称，设计者，制图者，审核者。

(六)样衣确认

样衣加工完成后，应该在人台上试样，或找模特试穿，进一步审视样衣的整体外观和细部，检查存在问题(如图 2.29)。

图 2.29　样衣

设计师要和样版师、工艺师一起，对照效果图从设计主题的角度以及实用的角度作出判断：

——服装的整体外观风格是否符合设计主题构思。

——外轮廓形是否理想。

——服装的放松量是否合适。

——内部分割、各局部的比例布局是否协调。

——辅料的配置是否适合。

——服装的穿着效果是否合体。

——服装的制作质量是否达到设计要求。

——产品生产的可行性如何。

(七)样衣生产总结

样衣生产总结的基本内容有：

(1)样衣款式是否符合设计需要。

(2)服装材料和辅料的使用量统计。

(3)工艺流程记录(列出在制作过程中所采用的特殊工艺)，以便在大生产时提前计划。

(4)新技术和特征工艺的使用分析。

由于市场的发展需要，现在新型工艺的使用很多，如印花、绣花、特种工艺等在样衣的制作过程中，会在技术和设计的结合上出现一些新问题，也会不断采用新的操作方法，为了既能解决技术问题，并且能够更好地掌握新的操作方法，有时需要做大量的试验工作。在样衣制作结束，得到确认后，有必要进行全面地总结，以便今后其他部门进行服装成本的计算以及组织批量生产时作为依据。

四、成衣产品形象推广

1. 产品形象设计

产品形象，是由产品的风格和预先设定的消费者的服装规格及商品的价格而组成的人们对该商品的印象。

品牌的形象存在于顾客的印象之中，是消费者所接触到的产品的信息的总和。这种信息可以来自客户购买时的亲身经历，语言、广告、外包装、服务等品牌形象是商家必须为它的存在而不断付出努力的一个目标。对商家而言建立和维护品牌形象是一个具体的工作，在消费者能感受到的地方，如卖场、服务、商品、广告等都是其工作的范围。包括产品形象、服务形象、宣传形象、卖场形象等在内的品牌总体面貌的完整的构架。

(一)产品形象的应用设计系统

服装产品形象的应用设计系统包括服装吊牌、合格证、服装唛头、尺码标、服装包装袋、服装手提袋、办公用品、店头招牌设计及其他相应应用项目等。

(1)服装吊牌

服装吊牌上一般要有公司名称、地点、电话、传真、网址和其他说明。如图 2.30 所示。

(2)合格证

服装合格证的内容有：产品名称、款号、尺码、颜色、成分、等级、执行标准、安全类别、单价、检验员、条形码以及洗涤说明等，如图 2.31 所示。

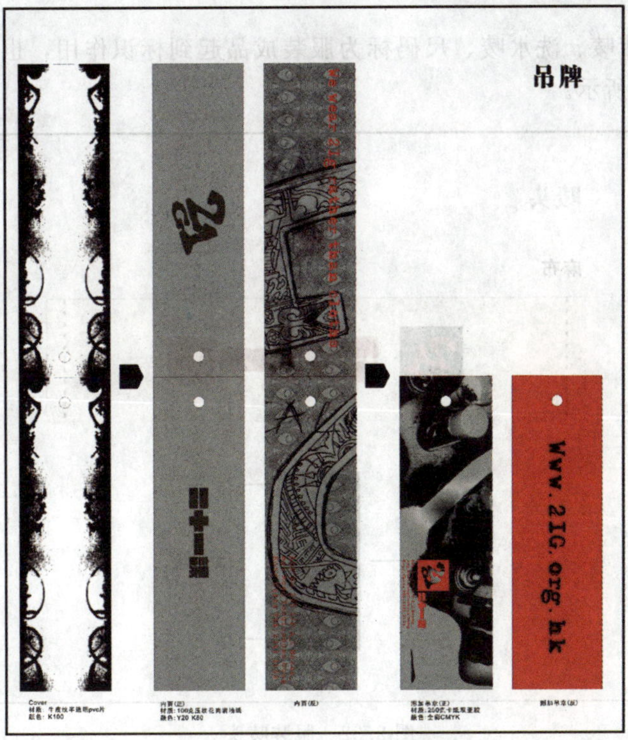

图 2.30　具品牌风格的吊牌设计

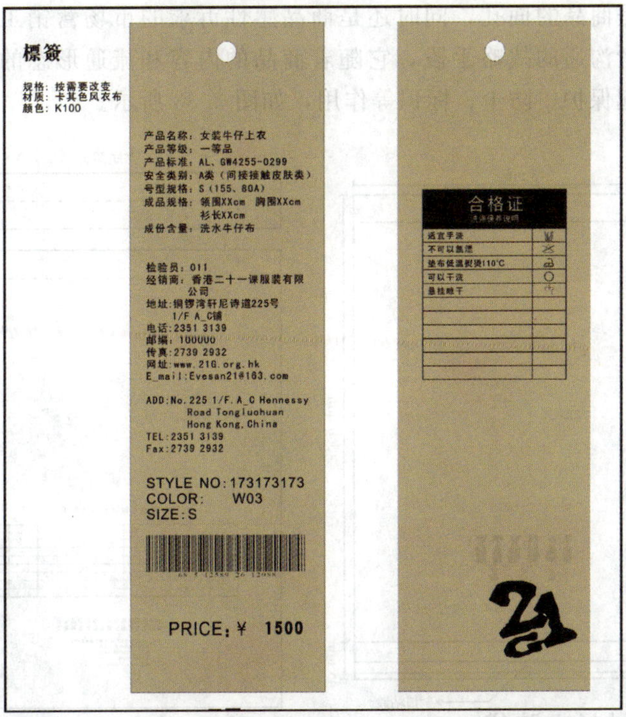

图 2.31　合格证

(3)服装唛头

服装主唛、旗唛、洗水唛、尺码标为服装成品起到标识作用，也便于消费者进行选购，如图 2.32 所示。

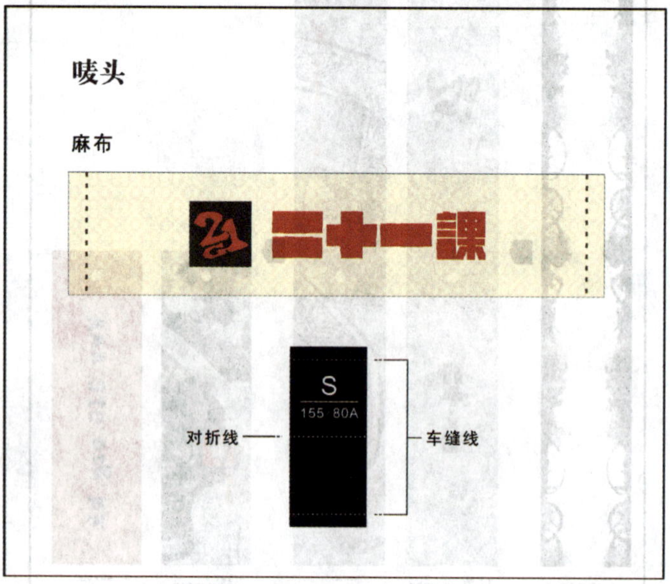

图 2.32　服装唛头

(4)服装包装袋

包装不仅仅是商品的面孔，同时还是商品感性诉求的市场营销工具，是企业形象的延伸和向消费者沟通的战略手段，它随着商品的内容和流通形态的不同而变化。服装包装袋对服装起保护、防尘、标识等作用，如图 2.33 所示。

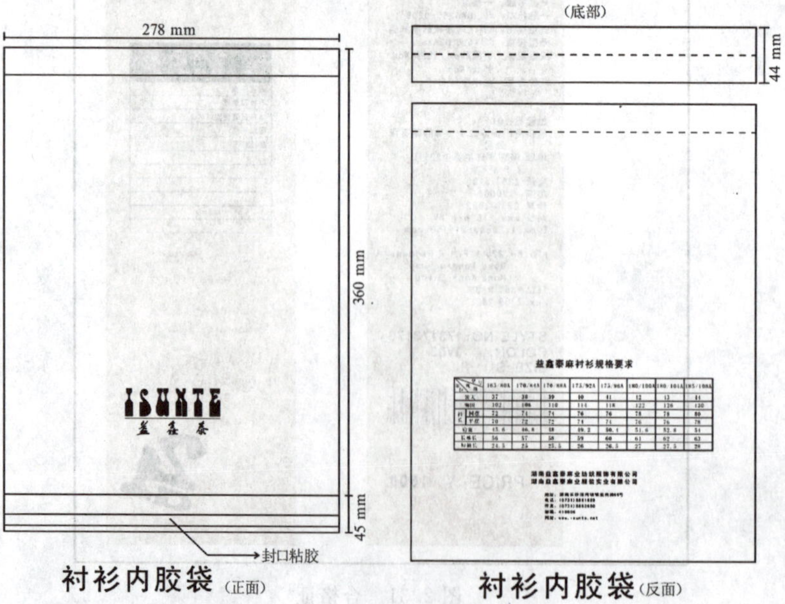

图 2.33　服装包装袋

(5)服装手提袋

服装手提袋不仅要注重实用性，还要注重其装饰性。其构成要素有：企业署名(标志、标准字体、标准色、企业造型、象征图形等)、图形(摄影、插图等)、文字(使用说明、质量保证等)、材质(纸、塑料、金属、布、皮等)、结构、制作工艺，如图 2.34 所示。

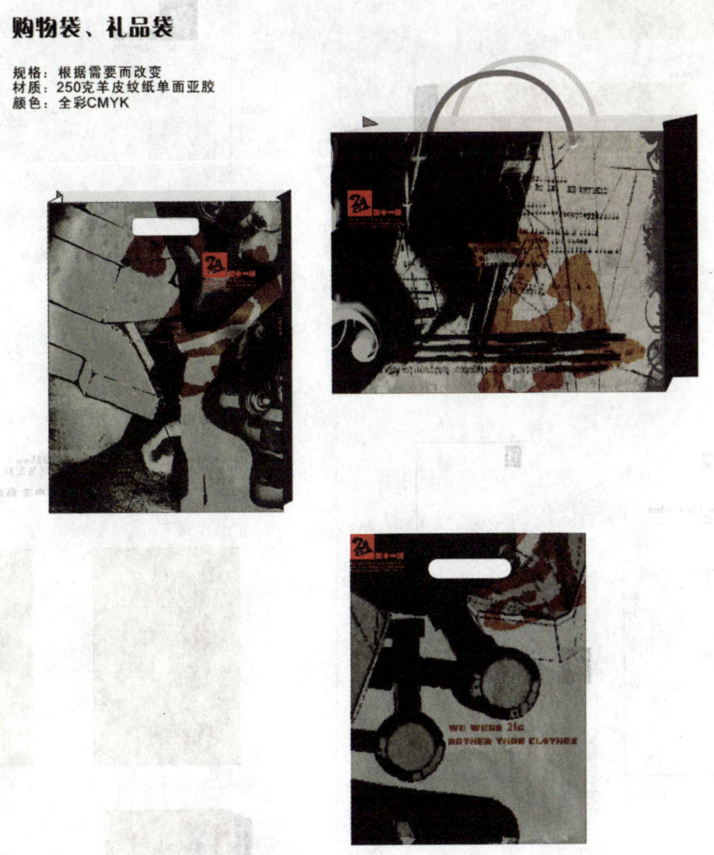

图 2.34　手提装

(6)办公用品

办公用品包括名片、信封、信纸、便笺、传真纸、公文袋等事务性用品以及发票、预算书、介绍信、合同书等，如图 2.35 所示。

信封

规格：230*120mm
250*160mm 330*230mm
材质：80克牛皮纸
颜色：M:12 Y:38 K:9
M:18 Y:25 K:64
M:86 Y:86 K:14

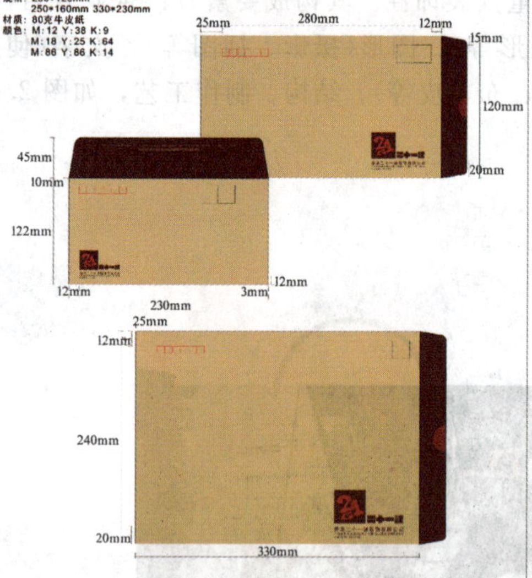

国际信封

规格：240*330mm
材质：100克进口双胶纸
颜色：C20 K75, C28 Y4 K16

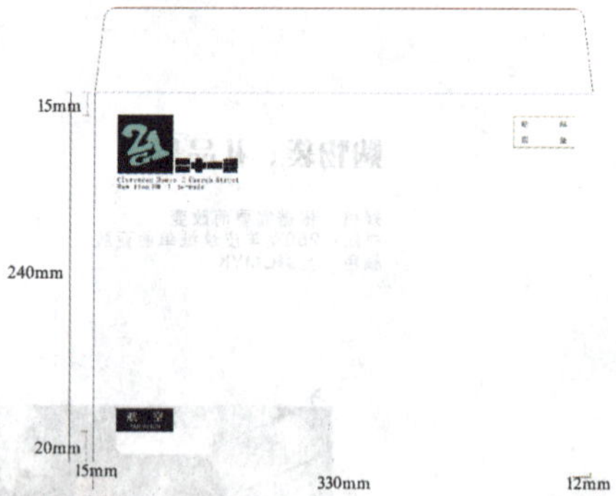

信纸、便笺

信纸：
规格：210*297mm
材质：60克拷贝纸
颜色：Y20 K80

便笺：
规格：95*150mm 130*185mm
材质：60克拷贝纸
颜色：Y20 K80

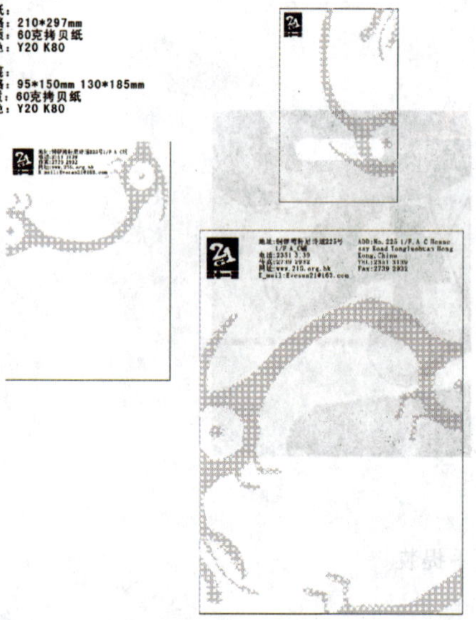

档案袋、专用文件夹

档案袋
规格：220*325mm
材质：牛皮纸
字体：黑体
颜色：土黄

专用文件夹
规格：250*325mm
材质：牛皮纸与塑料
字体：黑体
颜色：土黄，中灰，群青，灰蓝

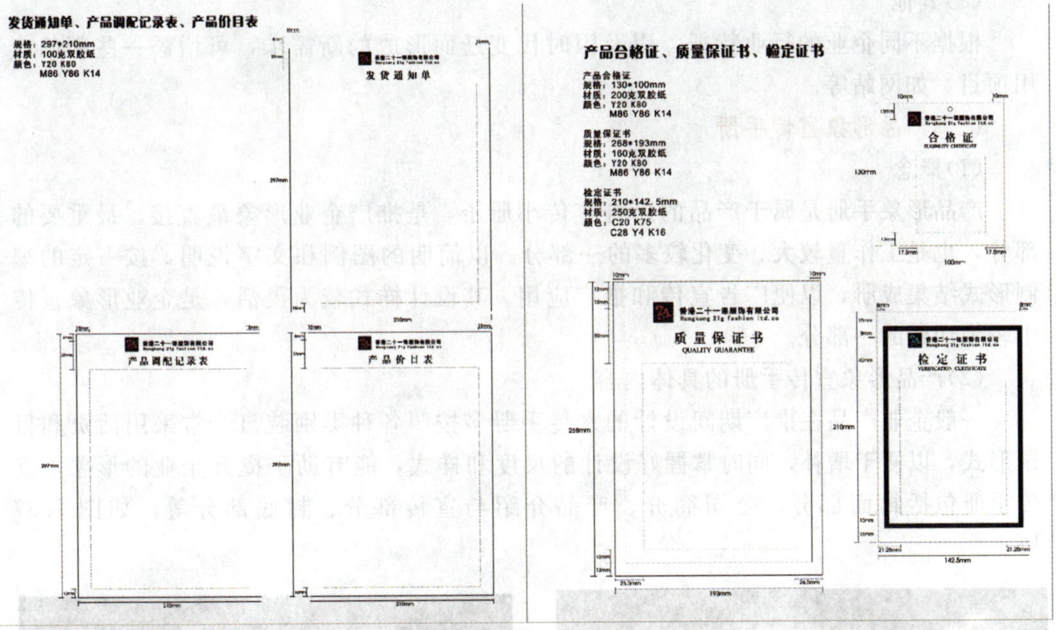

图 2.35　办公用品

(7)店头招牌设计

店头招牌设计的设计要素包括产品形象、品牌标志、名称、色彩、装饰造型等，如图 2.36 所示。

图 2.36　店面设计

(8)其他

根据不同企业的行业特征，以及因时代变迁而形成的新需求，可增添一些新的应用项目，如网站等。

(二)产品形象宣传手册

(1)概念

产品形象手册是属于产品的广告宣传小册子，是推广企业形象最直接、最重要的部分，也是工作量较大、变化较多的一部分。以简明的图例和文字说明，按一定的编制形式结集成册，以便广告宣传和推广应用。其设计样式较为灵活，是企业形象宣传中较为活跃的一部分。

(2)产品形象宣传手册的具体内容

一般企业产品在推广期间设计的宣传手册多按照各种类别装订，常采用活页和目录形式，以便于增补，同时掌握好设计的尺度和样式，能有助于提升企业的形象，宣传手册包括封面部分、公司简介、产品介绍与宣传部分、封底部分等。如图 2.37 所示。

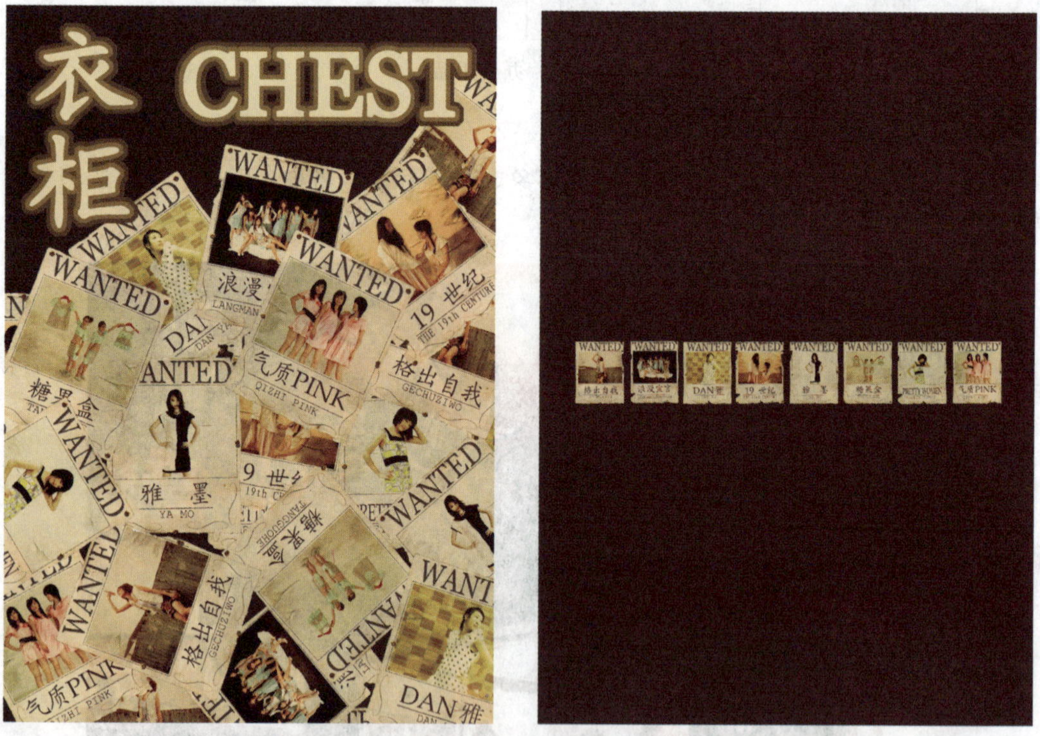

图 2.37 产品形象宣传手册设计

2. 成衣产品陈列规划

销售终端是品牌形象表现最重要、最直接的场所，是企业的重要形象窗口和事业延伸。服装陈列主要是通过对产品、橱窗、货架、道具、模特、灯光、音乐、POP 海报、通道等一系列卖场元素进行有组织的规划，从而达到促进产品销售、提升品牌形象的一种视觉营销活动。

(一)产品陈列规划的意义

服装作为一个实用性和时尚性相结合的产物，其产品的属性比其他商品都要复杂。特别在服装品牌竞争越来越激烈的今天，怎样迅速地吸引顾客，让顾客轻松、快捷地找到所需要的商品，这也是产品陈列策划的命题。

产品陈列策划就是将所有商品根据一定的规律在卖场中进行合理的安排，商品经过科学配置后，会对整个卖场的营销活动起到推动作用，因此，在企业产品开发、新货上市之前必须进行合理的商品配置规划，以指导产品终端的陈列与销售管理。

产品陈列策划一般从顾客角度和管理角度进行综合考虑，并保证两个角度都能达到满意的程度，如图 2.38 所示。

(1)顾客角度：卖场中商品要根据顾客的消费层次、品牌定位和商品特性进行灵活调整。要按照顾客的购物习惯和商品特点进行排列和分类，使卖场呈现一种整齐的序列感。无论是主题陈列或一般陈列，排列和分类都要求简单易懂，具有一定的规律性，以引导顾客选择。

(2)管理角度：经过分类配置之后，卖场空间得到充分的利用，同时也方便导购员的管理，使整个卖场的管理工作标准化，同时也可以通过有目的的推销性配置，使卖场销售变得更加主动。

图 2.38　卖场应呈现出整齐的序列感，以引导顾客选择

(二)产品陈列规划的因素

(1)秩序：有秩序的卖场可以使顾客轻松地寻找到想要购买的货品，如图 2.38 所示。卖场的秩序除合理安排货架、道具外，还要将卖场中的商品按一定规律进行排列和分布，秩序着重考虑顾客购物中的理性思维特点，适合以下情况：

a. 顾客需要进一步了解寻找商品的种类、规格、价格等；

b. 事先有购物计划或比较理性的顾客；

c. 设计感不强，比较注重功能性的商品，如内衣、羽绒服等。

(2)美感：从陈列规划中的美感考虑，目的是使终端销售环节的服装变得更吸引人，一个卖场整体和陈列面是否有美感，都会影响顾客出入、停留和做出购物的决定。

其方式是通过对色彩系列和款式的合理安排来达到，也可以通过对称、重复、均衡等组合手法使卖场呈现节奏感，如图 2.39 所示。

图 2.39　有秩序的卖场可以使顾客轻松地寻找到想要购买的货品

(3)促销：卖场中的商品配置规划，还必须充分考虑和商品促销计划的融合，如通常服装品牌都会将每季的商品分为形象款、主推款、辅助款等类型，同时在实际销售中还会出现一些真正名列前茅的畅销款，因此要合理地安排这些货品，进行有意识的促销活动。如图 2.40 所示。

图 2.40　陈列规划中的美感考虑，
可以使终端销售环节的服装变得更吸引人

(三)产品陈列规划的具体方式

(1)色彩分类：色彩分类法比较适合色彩较多，并将色彩作为主要设计点的服装品牌。卖场商品的色彩配置不仅要考虑单柜的效果，而且要考虑整个卖场的效果，要使整个卖场呈现和谐的状态，如图 2.41 所示。

图 2.41　卖场中合理的色彩配置使得男装品牌陈列具醒目的效果

(2)性别分类：这种分类适合目标顾客群较广的品牌，如休闲装、童装都是先按男女分区，这样既可以方便顾客地挑选，同时可以很快把卖场中的顾客分流到两个区域。

(3)品种分类：就是把相同形式的商品归属一类，如把卖场分成毛衫区、T 恤区、裤区等，特点是：方便顾客挑选，并且具有可比性，比较适合搭配性强、款式简单、类型较多，销售量较大的服装，如中、低档的休闲装等。

(4)价格分类：将卖场的货品按价格进行分类，一般常用于清货打折时，由于顾客对价格的敏感度增加，所以采用价格分类的方法会达到较好的效果。另外一些以低价为主的服装品牌，也可以按价格对商品进行分类。

(5)风格分类：主要适合风格和系列较多的服装。如按照不同场合的穿着而分类，一般可分为休闲、职业、运动等类别，也为顾客按个人需求选购服装省了不少力。

(6)尺码分类：按尺码规格进行排列，如大、中、小号或按人体尺寸进行排列，可以使消费者一目了然，随手选出自己需要的尺码。一般情况下，尺码分类常常作为其他分类方式的补充。但在童装店、西装店、衬衫店，由于尺码成为首先要考虑的问题，所以也会采用尺码为先的分类排列。

(7)系列分类：按照设计师设计的系列进行分类，按系列陈列可以加大产品的关联性，容易引起连带性单位销售，适合品种较少的品牌。

(8)面料分类：按服装面料进行分类，如皮衣专柜、毛衣专柜、牛仔专柜等，这种分类方法，一般需要在卖场的商品中，采用这种面料的商品要达到一定数量，能独立陈列为一个系列，同时其风格的产品具有特殊的卖点。

(四) 产品陈列策划的运用

(1)卖场区域分布。卖场的空间布局复杂多样，一般的思路是先确定大的部分，如导入部分、营业部分和服务部分三个部分，然后再进行更具体的货架和道具的分布，卖场区域分布要简洁合理，同时各区域之间要有呼应，如图 2.42。

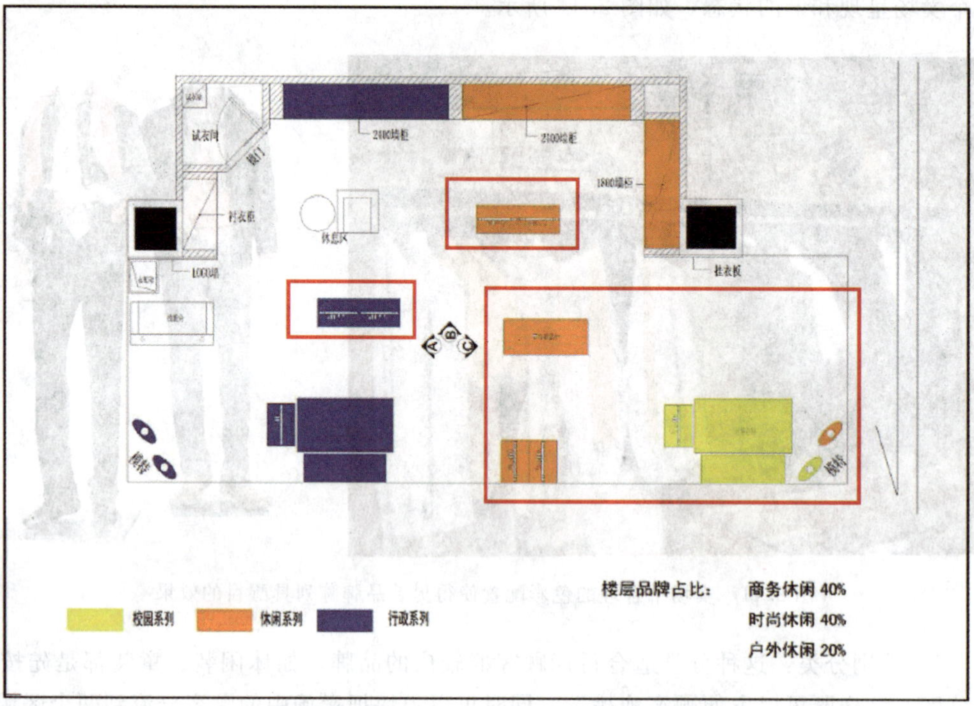

图 2.42　男装卖场区域规划图

(2)卖场陈列构成

墙体：边挂(墙体部分)应形成明确的系列格局，让人一进店内便感受到产品的色彩丰富且系列感十足，如图 2.43。

图 2.43　男装店中的墙体陈列设计

中岛：以大、中、小系列为目标进行组合，切忌系列混合陈列造成杂乱的视觉效果，如图 2.44。

图 2.44　中岛放置在卖场的中间，高度一般比眼睛的高度要低

图 2.45　相关联的货品集中一个区域展示可方便顾客就近进行挑选，同时加快店员销售的速度，也具有主题性

图 2.46　模特应与就近的服装墙展示相同的系列，使卖场区域性更强，系列区分更明确

图 2.47　水台与模特及中岛应展示相应系列或主题的货品

橱窗展示：是展示形象款式，季节流行，体现品牌风格的主要区域。其无声的导购语言蕴涵的导购方式也是店铺中其他营销手段无法代替的。成功的橱窗可以反映品牌的个性、风格和对文化的理解。因此要创造良好的营销业绩，橱窗是一个不可忽视的元素。

橱窗陈列常分为场景陈列、奇异夸张陈列和主题陈列等。

图 2.48　场景陈列：用场景式的设计手法，来制造一个品牌故事，拉近与消费者的距离

图 2.49　主题陈列：一般应根据不同的主题配合相应的货品进行陈列

图 2.50　奇异夸张陈列：采用一些非常规的设计手法，如使用特殊的道具或表现手法来吸引顾客，来追求视觉上的冲击力

图 2.51　有的橱窗设计重在强调销售信息，除在橱窗中陈列产品外，还放置一些带有促销信息的海报

图 2.52　店内场景的组合起着与橱窗相同的作用，色彩协调，主题明确，系列感强

饰品陈列：在陈列时强调其整体、系列感。陈列时可以和服装组合陈列，也可以单独陈列，单独陈列时要积点成面，防止琐碎，如图 2.53。

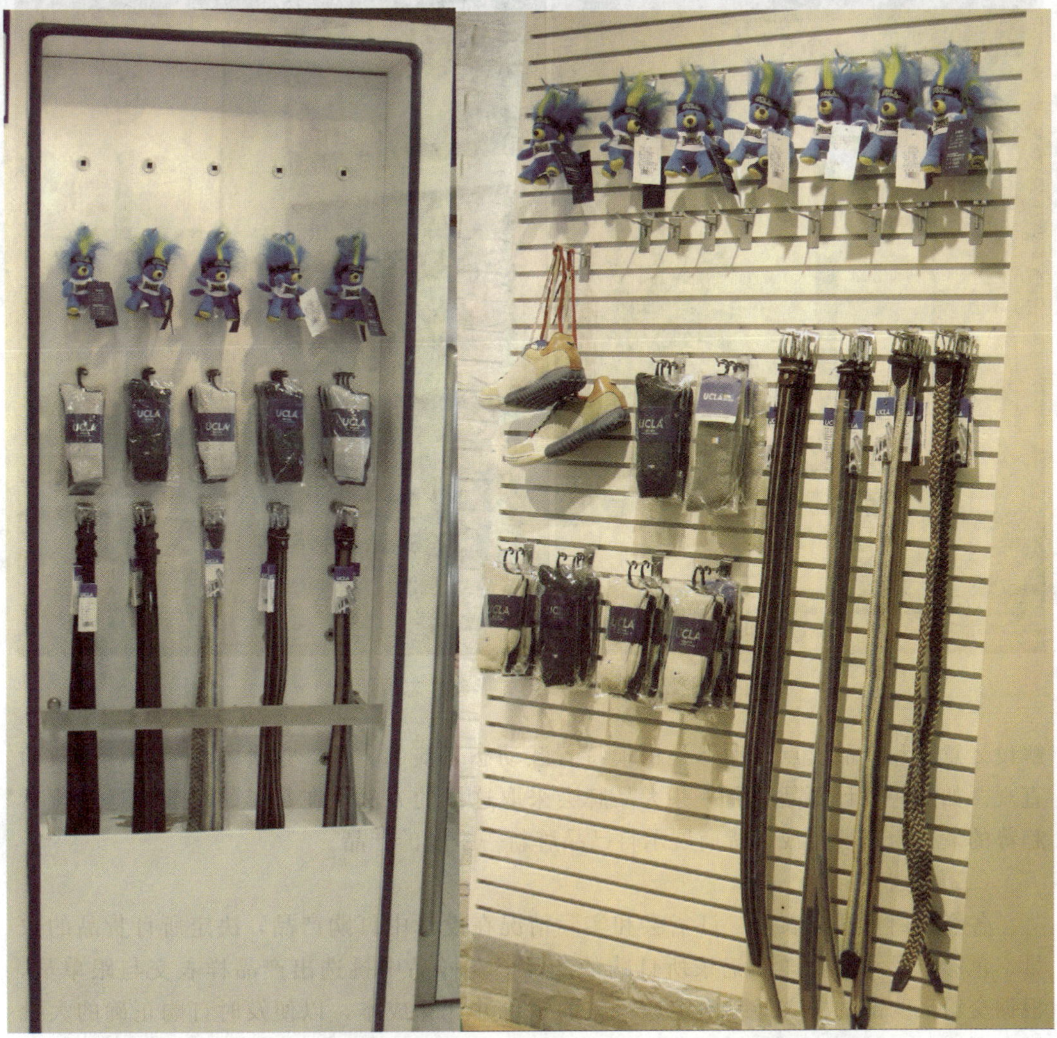

图 2.53　丰满、整齐的陈列柜容易引起注意，同时产生购买的欲望

形象物展示：品牌形象标志展示，任何时候都应保持整洁、明亮。如图 2.54。

面对日益竞争的服装市场，终端形象是展示品牌文化，体现品牌价值的重要手段。要在市场中立足，就必须做好终端，让品牌的价值在终端形象中有更好的体现。

五、订货会准备与开展

(一)准备订货会

产品设计、样衣制作完成后，首先进行订货会的策划，拍摄完成产品手册，挑选合适的样衣制作出其他的颜色，以备订货会之用。订货会分静态与动态两种类型。静态是规模不大的订货会采用的一种方法，产品分组、分类别静态陈列，由设计总监讲

图 2.54　男装卖场的形象标志展示

解设计意图和产品卖点。动态是由模特着装动态表演的方法，这种方法生动、有效而直观。如一些设计师品牌和一些大品牌会采取这样的方法，在每年的时装周通过流行趋势的发布向消费者或订货商展示自己品牌新一季度的产品。

(二)订购产品

各经销商依据成衣秀、订货会和实际情况在设计中订购产品，决定所订货品的数量、色彩、尺寸等，详细记录所订购的产品，在样品中挑选出产品样衣交与跟单员，根据交给采购部的样衣最终确定原材料的定价并计算成本，以便及时订购正确的大批面料、辅料与零配件。

根据订货会的订货情况制作生产单，安排生产，做好排期表。

课后思考：

1. 服装产品规划概念是什么？
2. 什么是色彩架构，产品架构，面料架构？它们之间的关系怎样？
3. 为什么要学习服装产品规划？
4. 怎样理解成衣设计与纸样、制作的关系？
5. 在纸样设计中，如何进行产品规格设置？
6. 如何制作产品宣传手册？

实训项目：

1. 在项目任务下完成市场调研报告一份。
2. 在项目任务下完成成衣设计企划方案一份。

3. 在项目任务下完成成衣系列款式设计。

4. 在项目任务下完成 3—4 款单品的纸样的设计与绘制。

5. 在项目任务下完成成衣单品样衣的制作。

第三单元　成衣设计案例解析

案例：Zee man 女装品牌

品牌介绍：

1. 品牌文化

Zee man——无限的创意源于不同的世界时装展，将复古、经典与现代、时尚融为一体，集思广益，加上独特的设计心思，不但创造出具有时代触觉的时装系列，还有极富创新的配件和装饰。

Zee man——拥有专业的营销团队，最优秀的经销队伍，最周到的终端服务，最完善的经营体系，能够及时了解顾客需求，创造无限可能！

2. 品牌故事

感受着巴洛克艺术中所萦绕的真实生活细节和情感表述，那些动态感的造型要素，结合浪漫主义精神，赋予了服饰亲切柔和的欧式情调，融合了欧洲服饰的浪漫、高雅和韩国服饰的精致。

新兴而迅速被众多时尚人士追随的年轻时尚品牌，融合了欧洲积淀的深厚文化底蕴和现代时尚明星日常穿衣风潮，经东方设计师提炼取舍全亚洲市场的设计方案，加之其合理的单品价格和卓越出众的饰品设计，成为追求时尚生活的女性穿着风格的导向盘，Zee man 展现着其独特的品牌艺术张力和无以竞争的商业价值！

以舒适度为第一，注重生活品位，独特的剪裁、搭配性强并且修饰身材，在不同的场合可以穿出不同时尚感。演绎不同的自我，不同的时尚感。她们充满优雅、自信、活力，追求舒适、轻松、悠闲的生活方式，注重时尚的气息和穿着品质。

一、设计前奏(准备阶段)

(一)确定设计目标市场

设计目标市场是为了明确产品的销售对象，在激烈的商业竞争中寻找市场机会，为企业制造出有竞争优势的产品或者品牌，从而有针对性地制定相应的品牌形象和产品经营策略。

设计目标市场是企业策划的一个重要环节，也是企划室为实现企业目标而实施的创造性的思维活动及将其具体化的操作过程。它要求企划人员以及设计人员都应当具有敏锐的市场观察力和准确的预测能力，真正掌握市场规律，并能从整体上把握人(消费者)与物(服饰商品)之间的联系，为企业带来成功商品(如图 3.1)。

Zee man 品牌设计目标市场定位为：

(1)品牌定位

a. 品牌策略：为追求体现自身独特气质的女性为目标，快速的市场供货效率，可以满足顾客对流行的渴望心理。注重内外装搭配设计，并以与众不同的细节设计表达自己的个性。

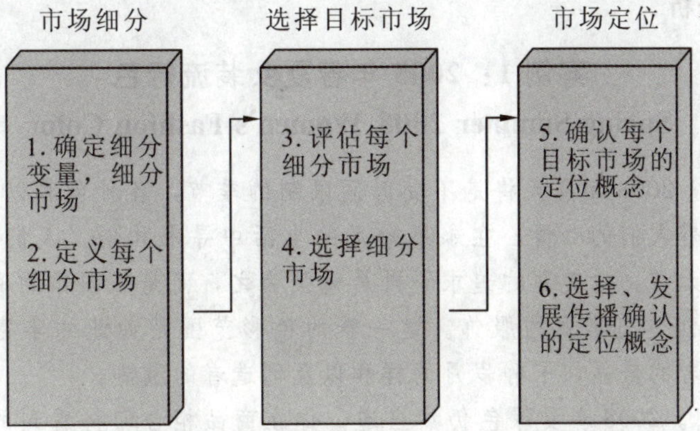

图 3.1　市场细分、选择目标市场和定位的步骤

b. 品牌精神：时尚是外表，优雅是内在，享受工作，热爱生活。

(2)目标市场

a. 核心消费群体心理年龄：26 岁；

b. 职业：医生、教师、邮政、银行、公务员等受过高等教育的时尚女性，自由职业者、有品味的家庭主妇；

c. 着装场合：上班、聚会、逛街、社区活动、旅游；

d. 生活理念：追求轻松与自由的生活文化，体现女性活泼向上的精神，渴望前卫、新潮、浪漫并突出自我个性的理念，无时不释发青春休闲的气息。

(3)价格定位：春夏：180－580 元　秋冬：230－780 元。

(二)市场流行分析

设计师在新一季产品开发前要结合本企业产品的市场定位和设计定位，做相应的流行信息收集、分析与整理，包括各种色彩趋势分析、面料趋势分析、款式趋势分析等，再根据品牌定位与消费者定位，制定出合理的产品架构规划(如图 3.2)。

Zee man 这一品牌的定位和其目标市场来看，2008 春夏产品的开发是在对流行色彩、面料及款式趋势的收集与分析的基础上进行的。

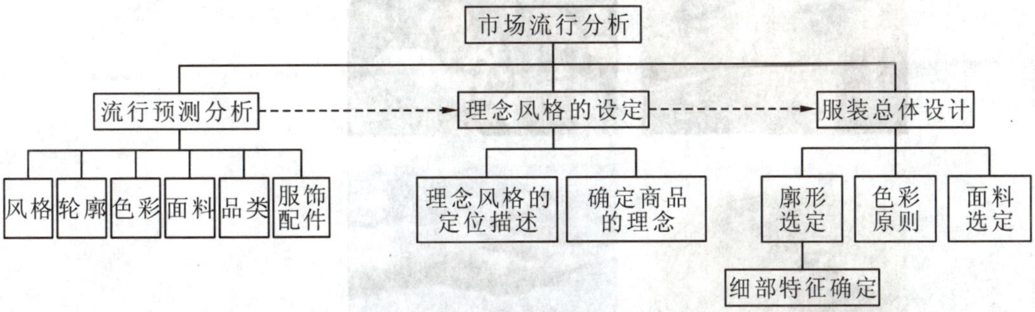

图 3.2　市场流行分析

1. 流行色分析

案例 1：2008 年春夏女装流行色

Spring-Summer 2008 Women's Fashion Color

未来的世界，2008 年夏天将是不受时间限制的季节，各种色彩以廓形为依托竞相盛放。时尚倾听着人们的心情，在永不知足的生活中寻求和谐。人们学习、感知并传播着时代的变幻无常。对美丽的追求不再是勉强为之，而是从创作的冲动中升华而来，这使得人们能够创造出华丽的服饰。这一季的色彩范围是如此的丰富、宽泛而多样，充分体现了胜利者的勇猛，宁静岁月的祥和以及创造者的激情。

(1)绿色畅想。2008 春夏绿色仍然当道，你在商品柜台即将看到的会是满眼的绿，清新、自然、返璞归真，时而又深沉内敛，气度非凡，从现在开始体味即将引领潮流的——绿(如图 3.3)。

图 3.3

(2)魔幻红色。此种混合色调把深深的酒红色和棕色混在一起，给人一种很迷人的感觉，并作为浪漫系列的主色调。这些颜色如果全是用在民族印花或自然花卉印花的服装上，效果会显得更好。再者，用在长绒毛和人造毛皮的服装上也很适合哦，要营造一种闪亮的效果，用金色是最好不过了，这种色调不断地在混合色周围打转，但同时也引进了一些调和的棕色，以营造一种更协调的感觉。在这里，黑色是一种很好的底色，很好地衬托了红色，显得庄重而华贵(如图 3.4)。

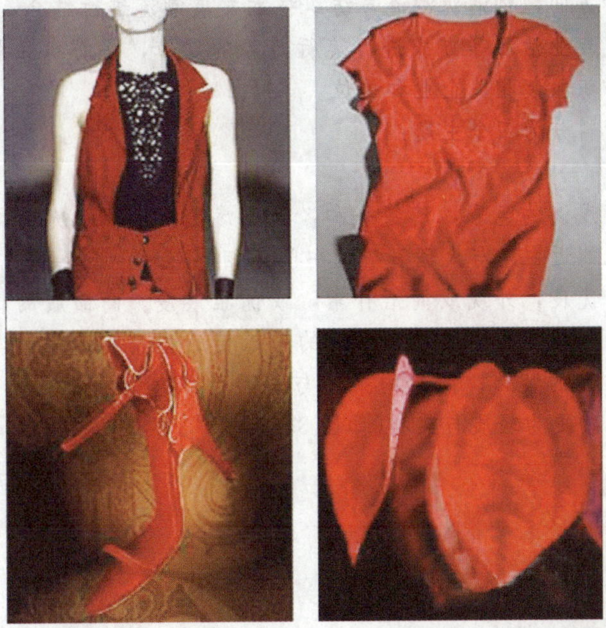

图 3.4

(3)紫色魅力。紫色大行其道多年后，被时尚界称为不老的流行色的黑色和白色重新坐上了时尚宝座。与往年的“绚丽多彩”相比，今年的时装 T 台变得“简单唯美”，白色和黑色成为了主旋律，不过今年的白色依然“纯洁”而黑色则与蓝色、紫色结合在一起，变身“彩色系”。相信不远的 2008 春夏依然盛行紫色与其永恒色系翻新搭配，必定营造不一样的流行(如图 3.5)。

图 3.5

2. 面料趋势分析

2008 春夏中国纺织面料流行趋势主题

FabricsChina——中国流行面料工程发布的 2008 春夏中国纺织面料流行趋势

中国流行面料工程通过中国流行趋势研究与发布体系的运行，从消费者生活方式研究入手，研究生活态度和生活方式转变带来的潮流和市场变化，以及其在纺织品服装领域引发的流行方向，将消费潮流与纺织技术发展潮流进行结合，并通过行业媒体、国内外专业展会、专业活动等方式进行流行趋势的发布，将纺织品服装的流行资讯最大范围地传递给纺织服装相关企业和单位。

这一组流行面料分为四个主题：

主题 1：释放

水彩般透明而浅淡的色彩，清楚平和，互相渗透。丰富且充满柔性的灰色平衡了整个色系，使柔化的近白色与大理石般的中间色相得益彰。

织物内在品质优良，外观或简洁朴素，或优雅浪漫。高品质的棉、亚麻、丝绸和再生纤维素纤维，以其自然的质感和舒适的手感传达出精神的平和与舒缓；镂空、刺绣、钉珠等带来雅致的装饰；简单的条纹与平整的织纹相搭配；染整后处理如漂白、水洗、酶洗等使织物更为轻质与柔和(如图 3.6)。

图 3.6

主题 2：格调

跨季节的成熟的夏季重色调，静止宁静的背景色，单色调的微妙变化，暗红、白色、银灰在灼烧后的植物色彩中激荡、碰撞、融合。

经典的正装面料，强调精致的风格和细节的表现；羊毛、真丝等纤维通过天然的高贵感，结合传统纹样的再设计，以柔和的光泽和顺滑的手感演绎优雅的新经典主义，而轻薄、紧致、光洁的化纤织物，看似平淡的外观下蕴涵丰富肌理的微观结构，涂层及其他特殊的后整理，均传递着都市科技感的简约(如图 3.7)。

图 3.7

主题 3：真谛

装饰隐藏于自然的表现之中，两者看似对立，实质融合，柔软的酸性色彩与精致的中性色相互呼应，怀旧的黄色，优雅的银色成为这一系列的亮点。

织物体现经典、创新、装饰、自然等元素彼此之间内在的联系。复古将表现为传统元素的重组或再造：提花、印花、烂花、剪花、褶皱之间相互结合，呈现出多层次的装饰效果：镂空结构给传统面料带来了新意；双面、双层织物实现色彩、图案、风格、功能的新组合(如图 3.8)。

主题 4：梦想

纯粹的抽象色彩热情而富有趣味，强烈的色调，对比的色相，写实与写意、具体与抽象的结合，完美的金属色。

与超现实的日晒黄带来一场妙趣横生的视觉享受。

织物通过纹样设计和印染手段创造出新奇感。间距分布不均的条纹，整体搭配富有节奏感：几个图案进行变异、重组与拼接，花卉纹样趋向抽象、变化和家居风格；涂层等处理使织物获得光泽感并富有质感；对功能的关注强调自然和舒适的质感(如图 3.9)。

PANTONE
15-1306 TPX
PANTONE
17-1321 TXP
PANTONE
15-4309 TPX
PANTONE
14-5713 TPX
PANTONE
14-5002 TPX
PANTONE
13-0220 TPX
PANTONE
13-0755 TPX
PANTONE
17-1753 TPX
PANTON
18-1409 TP

图 3.8

PANTONE
PANTONE
PANTONE
PANTONE
PANTONE
PANTONE
PANTONE
PANTONE
PANTONE

图 3.9

3. 款式趋势、图案要素分析

(1)2008 服装款式趋势收集与分析

根据对各大时装周流行趋势的收集与分析，Zee man 将 2008 年夏季服装的款式流行热点分析如下：

a. 亮丽而夸张的颜色就是今年不变的流行主题。

b. 复古而神秘的图案也加入了今年的流行风格中。

c. 舒适感也是今年重要的一个设计条理。

d. 个性永远是人们追求的，夸张似乎就是个性的代表，今年自然也不能落下。

今年国际女装的流行热点将功能结构线稍做了改良，增加了装饰性，并一改往日朴素的基调，通过腰带、立体贴兜等装饰打造精致、婉约的女性气质。

将"性感"与"S"形与崇高艺术品位相统一，融合了对于快节奏都市生活的理解和感悟，女装运用了立体剪裁的袖形设计，丝质地自然成为首选，它更能显示出性感的女人味。

非洲的印迹开始出现在时尚 T 台，刻意做旧的印花，手工感强的图文也得到了回归，女装中皱褶、加捻等多变化的设计手法融合了民族风情，大胆的配饰及特殊的面料使得风格更加鲜明。皮革、亚麻织物、花式织物、带有民族和手工风格的磨毛织物，也渲染出了民族的偏爱。

涂鸦与胶印的视觉冲击，饰以铆钉的滑板裤，高腰夹克等，以后现代主义的艺术元素，少数民族的图腾装饰，报纸印花的打破重组为流行改样。

图 3.10

女装中装饰品种材质更趋于多样性，刮擦、做旧、磨白，结合小面积跳跃的色块取代了以往的张扬，层叠与混搭令人过目不忘，而新兴的闪光面料、硬挺的棉布、弹性纤维面料，都极能塑造都市感。

(2)2008 图案要素分析

纵观各大时装周，图案方面以格子、条纹、印花为主角，但设计师们为它们注入了新鲜的血液，让我们看到了一个个张扬鲜明、活力四射的服装形象。

图 3.11 混合印花在繁华似锦的春天、美丽的织物花朵 T 台提前盛开，比起去年大为流行的波普图案，印花风潮在 2008 春夏的秀场上似乎更加热情绚烂，印象派、抽象派、写实派……无论是用花朵做装饰，或是铺满整条裙子，都呈现出新的姿态。Prada 抽象画风格的荷花图案将艺术和时装拿捏得恰到好处，而 Versace 的印花另有一种简约大气的别致味道，同样带给我们强烈的视觉冲击。

图 3.11

图 3.12 古典方格格子在 2008 春夏依然火热，以前的格子总给人感觉颜色单一、乏味，但今年方格除了在颜色方面不再单一沉闷，在形状上也有很大变化，古典的、淑女的、浪漫的，在裤装、套装、连身裙、短裤、西装上都有出色表现。

图 3.12

4. 调研问卷分析

Zee man 品牌在每季度产品开发前都要针对目标消费群进行相应的问卷市场调研，以获得更真实准确的市场需求信息，它是从一项公司项目的开始就必须开展的工作(如表 3.1)。

表 3.1　2008 春夏 Zee man 品牌市场调研问卷分析表

调研对象：A：10—20 岁　B：20—30 岁　C：30—40 岁　D：40 岁以上	
1. 在您今年新买的衣服中	A. 颜色鲜艳亮丽的较多　B. 淡色浅色的居多　C. 暗色的较多
2. 那您新买的衣服中的主要颜色是：(可多选)	A. 草绿、薄荷绿等绿色系列　B. 粉红、酒红、洋红等红色系列　C. 天蓝粉蓝等蓝色系列　D. 古典紫、罗蓝紫等紫系列　E. 黑白灰系　F. 金属色系　G. 棕褐色系　H. 渐变色系
3. 今年您的着装风格	A. 高贵气质　B. 休闲运动　C. 成熟性感　D. 民族特色　E. 淡色简约　F. 其他
4. 今年您的主要服装类型	A. 贴身凸显身材　B. 宽松休闲　C. 透气运动　D. 其他
5. 今年您较喜欢哪种面料材质	A. 丝质顺滑　B. 棉柔贴身　C. 皮质材料　D. 牛仔面料　E. 其他

续表

6. 对服装上的图案今年您更喜欢	A. 条纹曲线　B. 个性图腾　C. 平板　D. 几何图样　E. 其他
7. 今年您会考虑选择泡泡袖吗？	A. 会　B. 不会
8. 今年您较喜欢穿裙子还是裤子？	A. 裙子　B. 裤子　C. 两者搭配
9. 对今年的新起的连衣短裙，您觉得它能引领时尚潮流吗？	A. 可以　B. 不会

(三)设定产品组合架构

产品的架构有的公司主要由设计开发总监以及市场销售总监组成的团队，根据多方面市场趋势总结制订出来的方案，除了尽可能把各个关键点进行描述，另外还要考虑多方面因素来促进设计工作的进行，直到销售的开展，以及销售结果的反馈(如图3.13)。

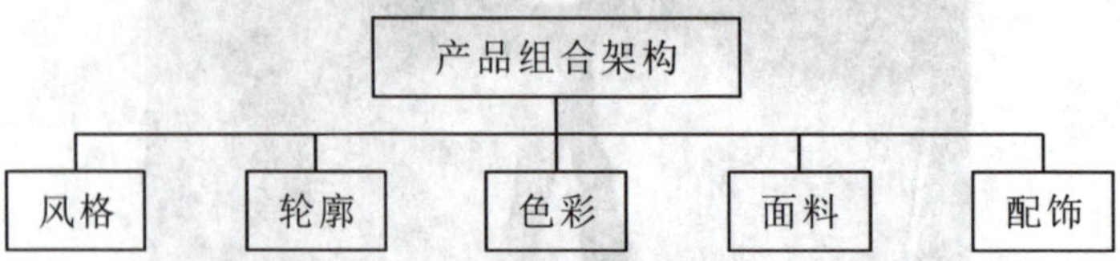

图 3.13

(1)风格

在制定风格的时候，原则是不脱离原有品牌风格形象下，再根据收集回来的流行信息制定当季主题的设计风格。以 Zee man 公司为例，公司风格形象指向是优雅型，再根据收集流行的信息来划定季节主题风格类型的方向。由此再定出主题名称、主题风格相关的要素，就是如下面细分出来的轮廓、色彩、面料和配饰。

另外还需要注意，所指定出的风格，是否适合原来设定的目标市场消费者的实际需求。

a. 廓形

廓形要素是跟整个流行趋势息息相关，我们也把它称为流行印象，在收集足够的信息资料后，形状会越来越具体化。轮廓是设计的第一步，在此基础上，设计师再发挥创意。

b. 色彩

一般来说，根据中国流行色协会的发布以及类似美国色彩协会(CAUS, the Color Association of the United States)以及一些顾问流行集团会提供相应的服务。来制定一个季度的服装色彩是一个不错的选择，但是仍然需要设计总监在严格选择适合的配色来保持产品和品牌风格的一致性。

色彩的架构目标是更准确评估消费者的情感和购买方式；色彩的预测要收集一定的数据并分析它，再通过人的直觉解读出来。

c. 面料

面料是以上众多要素的承载体，消费者对产品触觉的体验，面料的选择是直接决定服装品牌档次的其中一个主要原因。选择面料除了从上一季度的用料上有所保留外，还要从面料供应商获取更新的面料，也会从面料展等相关渠道得到最新最适合表达时尚的面料。

每一种肌理的面料都与某种风格的表现相对应。通过每一组的面料主次选择，都会给主题风格带来新鲜的灵感。总的来说，能够令消费者在短时间内通过整体阅读该品牌主要的风格感觉，说明各个环节做到位了。

d. 配饰

配饰跟整体服装产品的搭配可谓息息相关，从原有的服装上的装饰到消费者可以自己选购配饰，出发点都是从流行趋势上做出选择，每个季度主要的珠宝供应商以及一线的服饰品牌都有发布会。

根据上述的分析和研究，由设计师提出下一季的设计概念，制订产品开发方案，规划产品整体架构，其中包括产品品类的规划、款式的规划(风格确定、设计元素的确定)、色彩规划(即一个季度中所有产品的具体色彩关系，包括基本色系与流行色系)、面料规划(整个季节所使用的面料品种、面料的厚薄、肌理对比的组合关系)、销售规划等内容。以下内容即为 Zee man 设计部为 2008 春夏规划的“邂逅简约”系列的设计流程方案。

“邂逅简约”系列——构想图片

简约主义最早是用于称谓 20 世纪 60 年代美国艺术家的一项艺术活动。缘起于 60 年代的纽约。在 20 世纪 90 年代盛极一时。重点在于强调理性、直线、几何、对比等形式：这些极简的艺术概念后来在绘画、文学、建筑、音乐等方面产生了相当程度的影响。简约主义柔和了美国人重实际、自由、活泼、善于创新等一些人文元素，也是美国艺术文化的重要理念之一。

简约主义代表者：美国最具影响的景观设计师彼得·沃克。

图 3.14　彼得·沃克代表作品：哈佛大学泰纳喷泉

图 3.15　具简约风格的服装品牌

简约风格的设计是追随人文内涵的设计风格，适应现代人追求简单而不失细节的审美诉求(如图 3.16)。

里斯本世博会国家馆　　绘画中的承载　　Das Park Hotel-微型空间类似油桶的住所

图 3.16

"邂逅简约"系列——设计主题：永恒的简约

灵感来源：经典 20 世纪 90 年代的极简风格；对称的比例，注重工艺、面料；外形为精确、简练的线条；色调的微妙变化，注重细节；自然、环保的解构，凸显职场的平等地位。

设计说明：简约的服装会让我们感到轻松自在的同时突出美丽，款式上强调能忠实呈现人体曲线轮廓，展现完美身形比例，传出优雅纤细、合身舒适的时尚样貌。

设计风格：延续简练舒适的典雅服装风格，在颜色和意念上均以轻松及环保为主，含蓄而简约是这一系列的主题。

图 3.17　适合人群：25—40 岁追求轻松与自由的生活文化穿着场合：逛街、休闲会馆、咖啡厅等场所

图 3.18　灵感提取：面料主张强调质感、层次与舒适度；剪裁上以身体为主，忠实呈现人体曲线轮廓，展现完美身形比例，传出优雅知性、合身舒适的时尚样貌

"邂逅简约"系列——色彩规划

蓝灰色系：清爽的蓝色被灰色渗透，带来灰调的雾蓝色和深的宝蓝色。

淡色系：灰色调的柔和色彩，色相偏淡，营造环保时尚的风格。

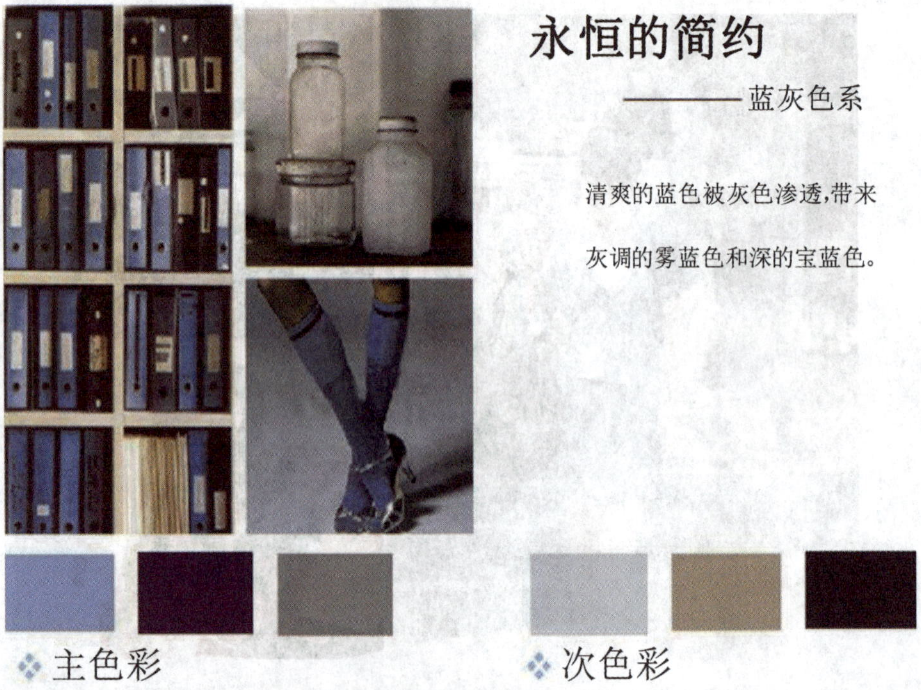

图 3.19　色彩规划

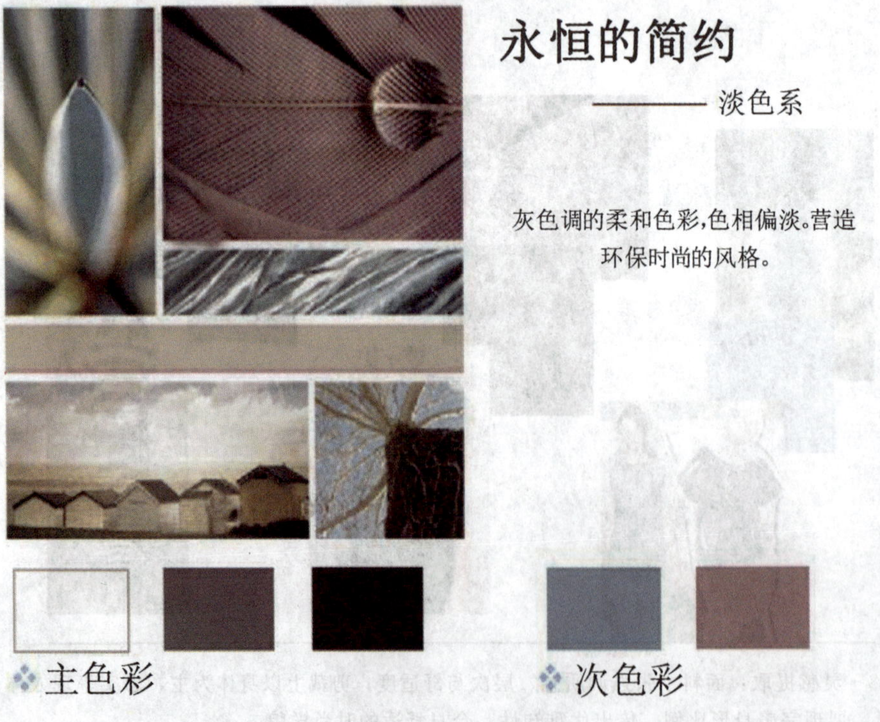

图 3.20　色彩规划

设计师要有计划、有主题、有节奏地理性安排色彩计划，遵循季节变化的规律，以大延续(即以延续上季产品的色调风格为主)，小变化(即根据流行的变化而加入的变化)的色彩设计手法来确定产品的整体色调，色彩方案可同时选择几组色调表达，以确立最佳的方案。

“邂逅简约”系列——面料架构

关键面料：莫代尔针织料、日本棉、色丁、雪纺面料。

- 关键布料：
- 木代尔针织面料，日本棉,色丁，雪纺面料

图 3.21　Zee man 女装“邂逅简约”系列关键面料架构

“邂逅简约”系列——面料风格

各种不同面料的手感、组织风格的合理、有效的搭配和组合，对体现出季节性设计手法的节奏感、拓展款式设计的创造空间非常有利。

图 3.22　面料风格

“邂逅简约”系列——细节

细节元素的表现为进入更细、更小、更具体的设计作导向性铺垫工作。

图 3.23　细节元素

“邂逅简约”系列——款式搭配

图 3.24　款式搭配

"邂逅简约"系列——设计卖点

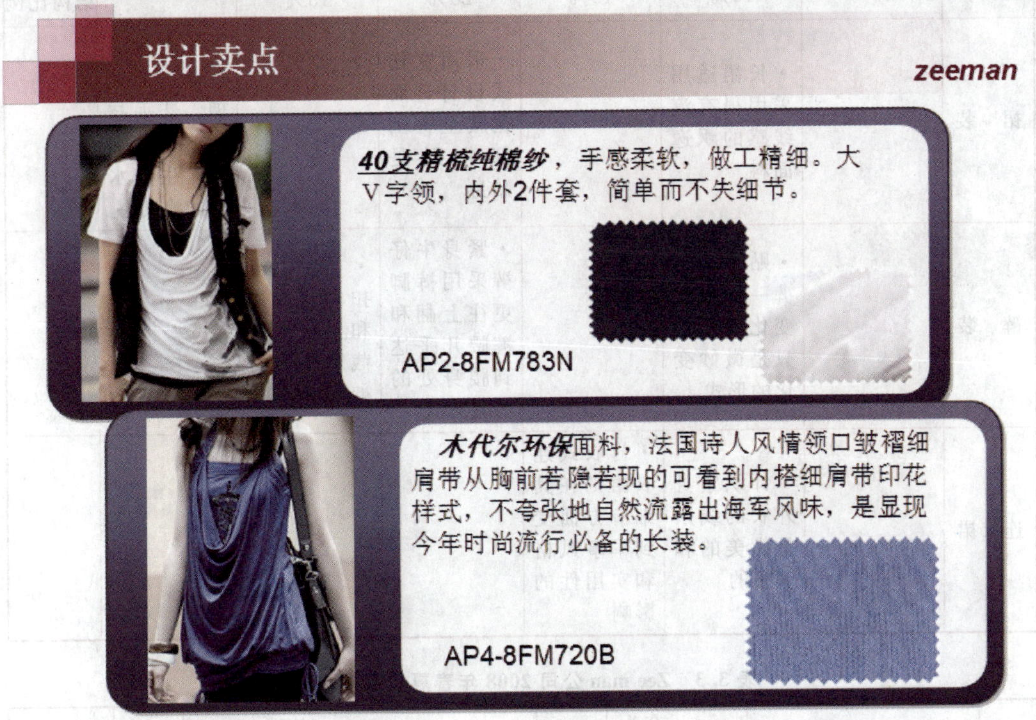

图 3.25　卖点设计

"邂逅简约"系列——品类规划

表 3.2　Zee man 公司 2008 年春夏产品款式构成列表

季节	春、夏	消费群体	职业、休闲				
	时尚．潮流	环境场合・流行					
	公共场合		私人场合		社交场合		
	流行新款型	畅销款型	长销款型	畅销款型	长销款型	畅销款型	长销款型
结构比例	20%	20%	10%	15%	20%	15%	
衬衣类		・简约风格衬衣 ・领型的变化	・纯棉衬衣 ・局部修饰	・柔美的带有女性味的衬衫、半透明或全透明的衬衫		・高腰设计的束腰衬衣如今呈现出圆滑贴身的风采	
针织衫	・大量的悬垂与褶皱细节控制着轮廓，创造出不对称的悬垂效果			・宽大的外形和简做缝制的款式			

续表

20%	20%	10%	15%	20%	15%		结构比例
裙 装		·长裙适用采用很有流线感的飘逸面料		·采用宽松式设计，而裙腰至臀围部分则是贴身		·连衣裙通过面料的处理、悬垂技术或褶皱细节产生如水般的流动感	
裤 装		·贴身骑马裤一种极端变化的或是只是微妙变化的形式		·紧身牛仔裤采用裤脚更往上翻和裤腰几乎达到腰身处的剪裁方式	· 休闲纽扣、小垂片和大贴袋的截短外形的裤子		
连衣裙		·针织紧身外衣的线条是优美的和流畅的	·衬衣式连衣裙则在其细节方面受到军事风格和实用性的影响				

表 3.3 Zee man 公司 2008 年春夏货品需求表

季节	大分类	套头衫		开胸衫		套头长T		双件套		T恤		无袖T		背心		针织、热裤		休闲裤		裙装		配饰		
		针织	梭织	针织	梭织	针织	梭织	针织	梭织	针织	梭织	针织	梭织	针织	梭织	针织	梭织	针织	梭织	针织	梭织			
春	纯黑白色系	9		9		5		6		3						5			5		2			
	绿色系列	8		8		5		6		2						1			3		2			
	蓝白色系列	7		7		4		6		1						5			5		2			
	黄咖色系列	7		6		3		6		2						2			4		2			
	紫红色系列	7		8		5		6		2						2			3		2			
	合计	38		38		22		30		10						10			20		10			
夏	纯黑白色系	7		6		6		5		5		4		4		3			3		10	12	5	5
	绿色系列	8		8		8		5		5		6		6		1			2		6			
	蓝白色系列	8		8		8		6		6		5		5		3			3		7			
	黄咖色系列	7		8		8		5		5		6		6		1			2		7			
	紫红色系列	8		8		8		4		4		4		4		2			2		8			
	合计	38		38		38		25		25		25		25		10			15		38			
	完成日期	2008.10.01																						

(四)设计开发计划时间

既然服装有季节性，那有备而战是必须做好充分的计划。产品设计开发计划时间的制定是根据每个企业设计开发小组的灵活性和自身优势，尽可能做到越少的时间，设计开发更多优质的服装产品。服装开发要注意以下几点：

1. 开发的内容：是指具体的系列，以及每个系列里面所包含的服装数量，做具体细分。

2. 开发的时间段：根据系列划分时间阶段。不同小组，系列同步进行。

3. 开发小组时间分配：每个小组之间开发任务时间的分配，小组之间配合的能动性(灵活协作)。

4. 检测开发时间过程：在订货会前，检测系列产品的完整性，同时进行相应调整。

表 3.4　Zee man 公司 2008 年春装工作计划表

事项	1—3日	4—6日	7—9日	10—13日	14—16日	17—19日	20—22日	23—25日	26—31日	执行人员
找图、设计系列款										
春装黑白色系										
春装绿色系										
春装蓝白色系										
春装黄咖色系										
春装紫红色系										
夏装安排表										
看市场										

表 3.5　Zee man 公司 2008 年春装第一波、第二波工作计划表

系列名称	品名	数量	品名	数量	品名	数量
春装黑白色系	套头衫	9	双件套	6	针织裤	5
	开胸衫	9	T-shirt	3	休闲裤	5
	套头长 T	5	裙装	2		
合计	44 款					
完成设计版单	2007 年 7 月 8 日					
春装绿色系	套头衫	8	双件套	6	针织裤	3
	开胸衫	8	T-shirt	2	休闲裤	2
	套头长 T	5	裙装	1		
合计	33 款					
完成设计版单	2007 年 7 月 13 日					

续表

系列名称	品名	数量	品名	数量	品名	数量
春装蓝白色系	套头衫	7	双件套	6	针织裤	5
	开胸衫	7	T-shirt	1	休闲裤	2
	套头长 T	5	裙装	5		
合计	37 款					
完成设计版单	2007 年 7 月 20 日					
春装黄咖色系	套头衫	7	双件套	6	针织裤	4
	开胸衫	6	T-shirt	2	休闲裤	2
	套头长 T	3	裙装	2		
合计	32 款					
完成设计版单	2007 年 7 月 25 日					
春装紫红色系	套头衫	7	双件套	6	针织裤	3
	开胸衫	8	T-shirt	2	休闲裤	2
	套头长 T	5	裙装	2		
合计	35 款					
完成设计版单	2007 年 7 月 31 日					

二、设计开发产品(执行阶段)

服装设计执行，设计师应该清楚公司所制定出的市场方向，明确设计总监预先设定出来的流行趋势风格。通过设计师的自我理解，将各种元素灵活应用进行有创造性的突破。

公司在之前已经做好了大量前期工作，将复杂的服装设计过程简化为易于理解的形式。为制成一件衣服，首先要确定廓形、选择面料、进行配色、装饰细部，其次要根据着装者的体形确定尺寸、打出样版，经过裁剪缝制，最终熨烫加工。

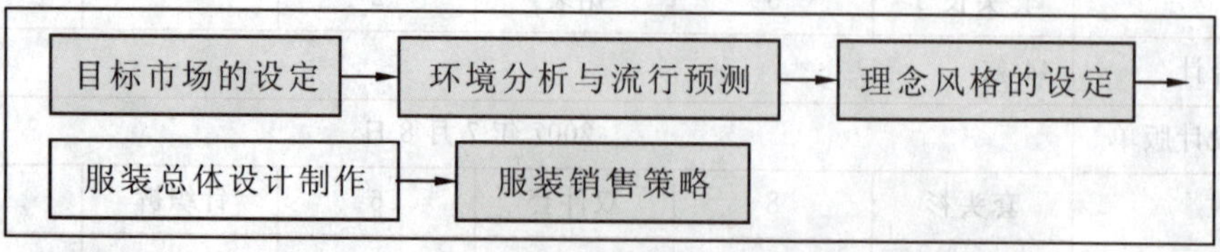

图 3.26　设计开发产品执行流程

在这个环节设计师是一个创意组合工作者，每个设计师的理解不一样，所以才有了丰富的设计，从理解到运用，设计师通过自己个性的语言去创造，但是这一切的工作的依据都是根据市场需求为前提。

以下为 Zee man 公司 2008 春夏女装产品开发执行过程。

(一)根据流行分析绘制设计图

1. 2008 流行元素分析

款式：泡泡袖、高腰裙；夏装中揉入风衣的元素，如口袋、腰带；皮带、扣子、口袋都设计别致的短裙。

面料：透明度、光泽度的面料(真丝、雪纺纱等)将成为追逐的新宠，还有锦棉、牛仔、棉、针织等。

色块分析：金属色、渐变色、蓝色、黄色、粉红。

2. 产品模块分析

连衣裙模块：连衣裙系列主要运用本季流行的褶皱、刺绣、压克力珠、烫钻、口袋、抽带等设计热点；色彩是以鲜、灰并进，加上优雅的花色；面料则以色丁、真丝、雪纺纱为主打，来体现女性的柔媚、娇韵(如图 3.27)。

连衣裙模块在整个产品结构中所占据的比例是最大的，也是本季要首推的产品。

裤装模块：裤装系列主要运用口袋、串带袢、褶裥、辑明线、烫钻、皮带装饰等手法；色彩以黑、灰米、棕等稳定的色系为主打色；面料则以锦棉、牛仔、闪光面料为主，总体的风格休闲、帅气又不失女性的温婉(如图 3.28)。

裤装模块在整个产品结构中所占的比例比较小，但每一个裤装款式却都是市场的主角。

图 3.27　连衣裙模块

图 3.28　裤装模块

休闲单品模块：休闲模块主要以休闲为主题，运用口袋变化、褶皱、各类领形变化、印花、以及字母烫钻等设计惯用的手法；色彩有灰、黑，也有非常鲜艳的黄、红、兰等色彩；面料则以丝、棉、少量的针织等为主，总体的风格休闲、便宜(如图 3.29)。

休闲模块在整个产品结构中所占的比例也比较大，款式的市场反映也比较好。

针织模块：针织模块主要在老客源的基础上拓展一部分新客户，因此，款式也以休闲为主，运用叠穿、褶皱、各类荡领、印花以及字母烫钻等手法；色彩有黑、灰、鲜艳的红、蓝以及针织的图案花色；面料则以羊毛、混纺毛等的针织为主，总体的风格比较休闲(如图 3.30)。

针织模块在整个产品结构中所占的比例比较大，款式的变化相对少些，客源也以老客户为主。

图 3.29 休闲单品模块

图 3.30 针织模块

3. 款式设计

服装设计人员需要具有多方面的能力：能构思酝酿新颖的设计，并通过待定的方式——时装画，将这些构想表达出来；对时尚有敏锐的洞察力；对事物有独特的审美见解。服装设计是一个从感性(印象、表象)到理性(形式、组织)逐步完善的过程，通过点、线、面的组合构造、色彩搭配、材料对比等多种手法将设计人员的个性、思想、情感与品牌理念、设计主题、时尚流行交融在一起，并淋漓尽致地表现出来。

在进行初步的手绘稿之前，必须准备相关流行资料，包括之前收集的流行分析、面料样版、辅料等样品。有了这些数据资料，设计小组再围绕着设计主题进行头脑风暴会议，再进行分配，进行系列设计(如图 3.31)。在这里设计师要必须兼顾和权衡：(1)单件服装自身的价值；(2)单件服装要适合整体产品系列。

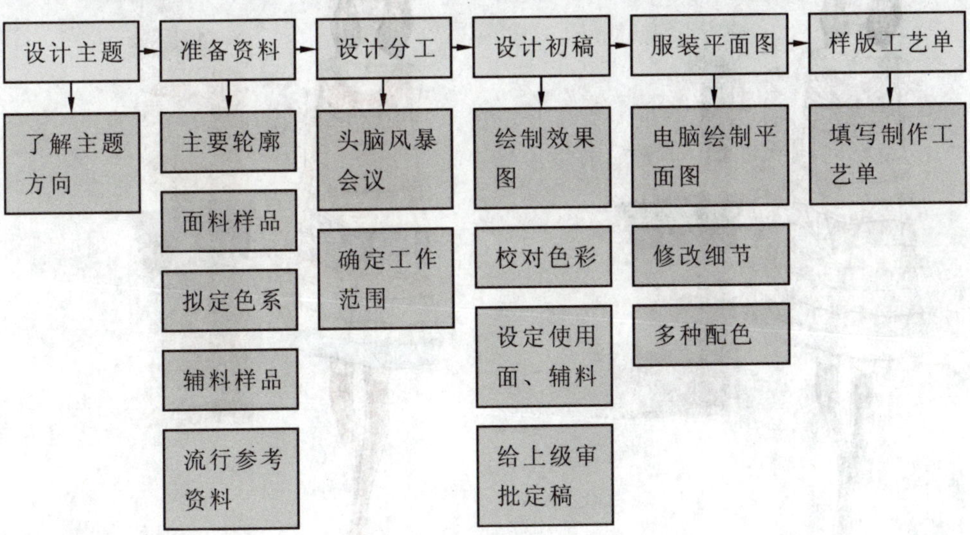

图 3-31

现代企业对于设计师的电脑绘图有了更高的要求，大多数成衣公司对服装手稿相对来说不是非常的重视，但这却是体现设计师创造力的一个最直接的表现。在绘制设计初稿的时候，最好能够把自己的设计创意以及各种细节和设计主题通过草图尽可能表现出来(如图 3.32、图 3.33)。

(1)绘制草图

图 3.32　产品草图需要按照整体设计构思，表现创意以及搭配

图 3.33　同款式不同面料色彩上的配搭调试，配搭颜色变化同时而不脱离系列主题

设计从手稿的构思，到电脑工艺图的表现，通过生产工艺完成成品样版，设计师自始至终要保持清晰的头脑，让每一件产品符合系列主题，从大到小(整体感觉、细部变化)都要把握到位。另外一个注意的就是成本控制，虽然服装设计以美为基础，但企业的发展是直接跟生产成本息息相关(如图 3.34)。

图 3.34

(2) 绘制服装工艺单

现代成衣企业大多是通过批量的生产完成成品的设计的，从设计到样版，再通过成衣样版复制出全套纸样，要根据产品各种不同型号的要求进行样版缩放，而工艺单是这一个过程的中间环节，所以，工艺单一方面是为生产前准备的必要的表格，里面有成衣样版明细的记录以及制作样版所需要的各种面料、辅料、制作细节和加工工艺、尺寸等，都要有完整的记录(如图 3.35)。另一方面，工艺单也是设计师与样版师的一个沟通桥梁，是成品批量生产的基础。

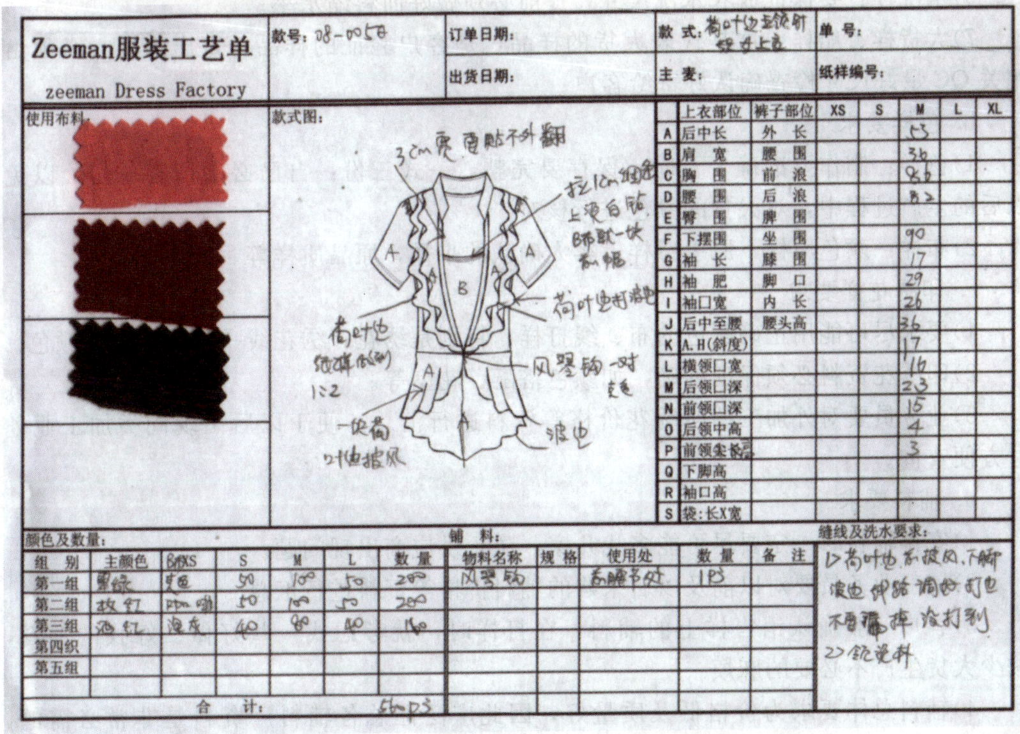

Zeeman服装工艺单
zeeman Dress Factory

款号: 08-0058	订单日期:	款式:	单号:
	出货日期:	主麦:	纸样编号:

使用布料:　款式图:

	上衣部位	裤子部位	XS	S	M	L	XL
A	后中长	外长			53		
B	肩宽	腰围			36		
C	胸围	前浪			86		
D	腰围	后浪			82		
E	臀围	髀围					
F	下摆围	坐围			90		
G	袖长	膝围			17		
H	袖肥	脚口			29		
I	袖口宽	内长			26		
J	后中至腰	腰头高			36		
K	A.H(斜度)				17		
L	横领口宽				16		
M	后领口深				23		
N	前领口深				15		
O	后领中高				4		
P	前领尖长				3		
Q	下脚高						
R	袖口高						
S	袋:长X宽						

颜色及数量:

组别	主颜色	B布XS	S	M	L	数量
第一组	墨绿	黄色	50	100	50	200
第二组	玫红	[illegible]	50	100	50	200
第三组	酒红	[illegible]	40	80	40	160
第四织						
第五组						
合计:						560 PS

辅料:

物料名称	规格	使用处	数量	备注
风琴钩			1PS	

缝线及洗水要求:

图 3.35　服装版单制作主、辅面料的配置要相应考虑主颜色与辅颜色的合理配置，如在采用墨绿色 A 主料时，胸前里层布采用黄色的 B 布料，这两种布料的配置在工艺单上必须加以详细说明，否则就极容易弄混。

在服装成衣制作环节中，服装版单制作需注意的细节：

第一，设计师根据设计稿样品的工艺要求填写工艺单：

a. 首先是主料，如面料的品种、纱支、结构、克重、颜色。

b. 辅料，包括拉链、绳、扣、风眼、花边、松紧带、梭织布、横机罗纹、主标、水洗标、吊牌、装饰牌等。

c. 各样细节与样本打版师沟通标明。

d. 协同相关技术人员进行有关工艺用量的计算。

第二，样衣制作过程完成样版的工艺单要求还包括以下几方面：

a. 样品要求

1)初样、款式样：面料品质要正确，辅料可以代用，款式、工艺要正确，工艺尽可能简单。

2)确认样：作为确认样，颜色要对，辅料要齐，印绣花也要按照要求的去做，确认样是给设计师看的，所以一定是好的和准确的。

3)尺码样：客人确认尺寸的样品，了解客户跳码要求。

4)PP样、产前样：这是客人查货的标准样，做给客户看的样品，代表大货水平，所有面辅料品质、颜色、工艺、尺寸、包装都完全正确。

5)广告样、推销样：广告样一般来说是在订单确定后，大货出货前，客户用来扩大宣传，增加销售量的样品，齐色齐码，外观效果要好。

6)水洗样：要保证成衣水洗尺寸，提前必须做好面料缩水率。

7)大货样、船样：这是代表大货的样品，是客户验证的样品。寄出的样衣必须由相关QC量好尺寸检查确认好寄给客户。

b. 色样要求

1)色样：制作要准确、及时，保存要完整，一式三份：自己必须留存一份，以免以后的生产过程中，对大货的颜色进行核对。

2)布样：颜色原样，原手感样，客人确认的小样，原品质样等。

c. 印绣花样要求

1)要求尽可能用正确颜色的布、线打样，特别是绣花，绣花线一定要用正确颜色。

2)印绣花资料必须保证准确，如颜色搭配、花型等。

3)业务员要对外加工的印绣花价格等资料进行汇总，便于以后出现同类加工业务时方便查询。

d. 辅料要求

1)安排辅料时一定要尽可能多找几家，防止供应商出现问题。

2)辅料业务员要对以前及以后采购的辅料价格等资料进行汇总。

3)客户一般确认销售样上的辅料，在打样时，就考虑找一些好做、好找的辅料，减少大货生产不必要的麻烦。

4)辅料总体要求为价格低及质量好，因此广泛汇总各辅料厂资料是非常必需的，以后再遇到此类辅料时能有据可查。

5)辅料打样确认需打样时间，并及时跟进。

(二)版型与制作过程

版型师通过设计稿和工艺单把设计师的构思通过各种材料制作出成衣样品，成衣产品最后的成败也是打版师与工艺师能否很好地与设计师进行沟通与调整的过程(如图3.36)。

(三)样衣成品展示

样衣制作完成，会在模型上或者企业内的试衣模特上试穿(如图3.39)，毕竟设计的构思与实际上生产出来的效果会有很多意想不到的差距，也许会更好也许会更差。

服装企业一般都有试衣模特，挑选模特的时候都是与服装品牌的感觉相似的。这样更能够把每一季度的衣服第一时间感觉出来，才能够及时发现缺点，迅速调整。

得到确认定格后的服装，都会根据每个系列分组排放。

图 3.36　样板师根据工艺单完成样板的版型工作，工艺师完成样衣的制作工作

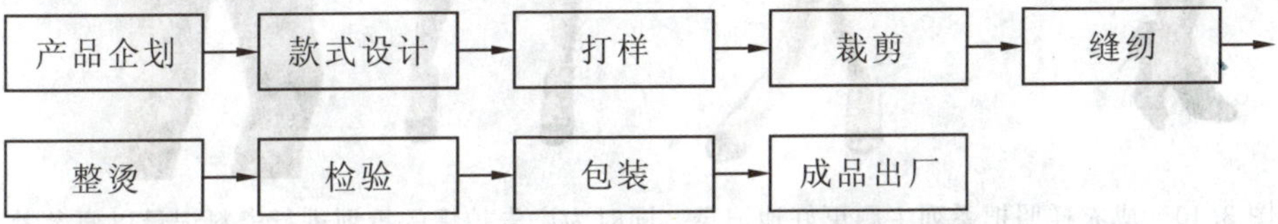

图 3.37　Zee man 公司成衣产品设计、生产流程图

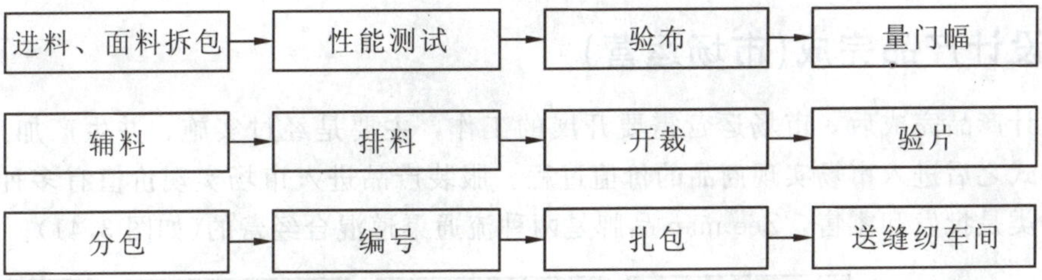

图 3.38　Zee man 公司成衣生产裁剪工艺流程图

图 3.39　样衣成形效果第一时间由设计师进行初步的判断，校对与设计理论和理想设计效果的出入

图 3.40　成衣样照把系列主题更好地记录，同时为广告拍摄的策划进行资料记录以便参考

三、设计产品完成(市场运营)

设计产品完成后，市场运营需要开展的工作，主要是经过实施、并生产加工成为实物形式之后进入市场实现商品的价值过程。服装产品进入市场实现价值有多种渠道，主要分类是批发和零售，Zee man 品牌是两种流通渠道混合经营的(如图 3.41)。

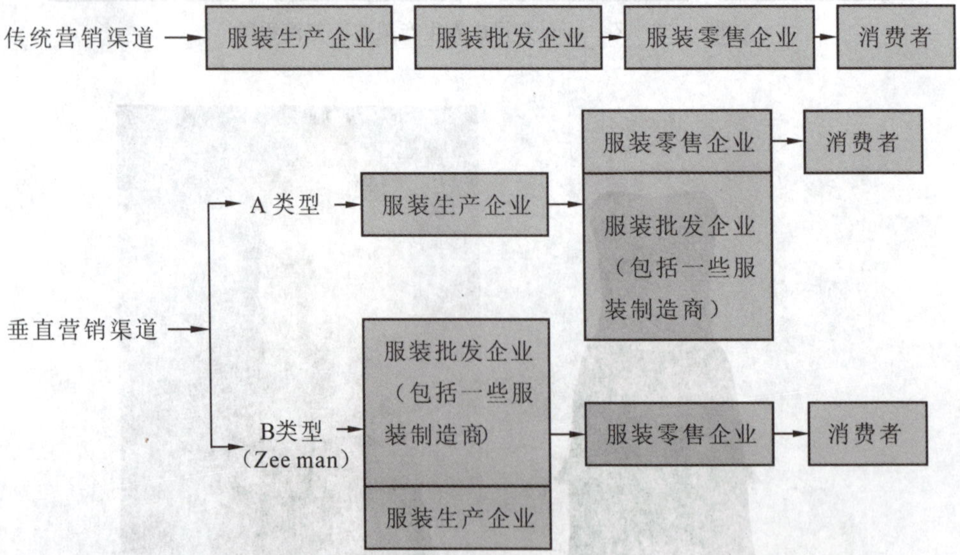

图 3.41

服装商品销售渠道由三个基本要素组成：服装生产商、服装中间商(主要包括批发商、代理商及零售商)及服装消费者。服装销售是将服装产品从设计师和生产商那里传递到消费者手中的过程，它是服装经营流程中最具有挑战性的终端环节，而且总是处在千变万化格局之中。

企业品牌会根据原来定下的企业目标进行服装的销售策略，包括渠道的选择、广告的拍摄、卖场的布置以及各种媒体的宣传等。

(一)产品销售展示

企业根据过去的经验和资料，分析品牌的现状和商品企划理念，制订广告计划，并依据目标市场的趋势和季节的特点确定广告主题，策划为达到广告目标及渲染广告主题应开展的活动，设计合适的载体和选择适当的媒介，每个企业不同，选择推广的方法也不一样，有些企业甚至可以选择大型的秀场等相关策略。

Zee man 选择的平面广告是其中的一个宣传手段，因为Zee man 是新的品牌，而平面广告是最直接和最快速的表现之一。

1. Zee man 宣传手册的制定

产品形象手册是推广产品最直接、最重要的部分，以简明的图例和文字说明，按一定的编制形式结集成册(如图 3.42)。

图 3.42　宣传手册一般在产品订货会之前编集完成，达到广告宣传和推广的作用

2. Zee man 陈列策划

在陈列的时候注重整体气氛的和谐，因为店面属于中型的店铺，所以可以充分运

用 VMD 的视觉效果表达，从而合理运用空间格局进行系列分类(如图 3.43)。

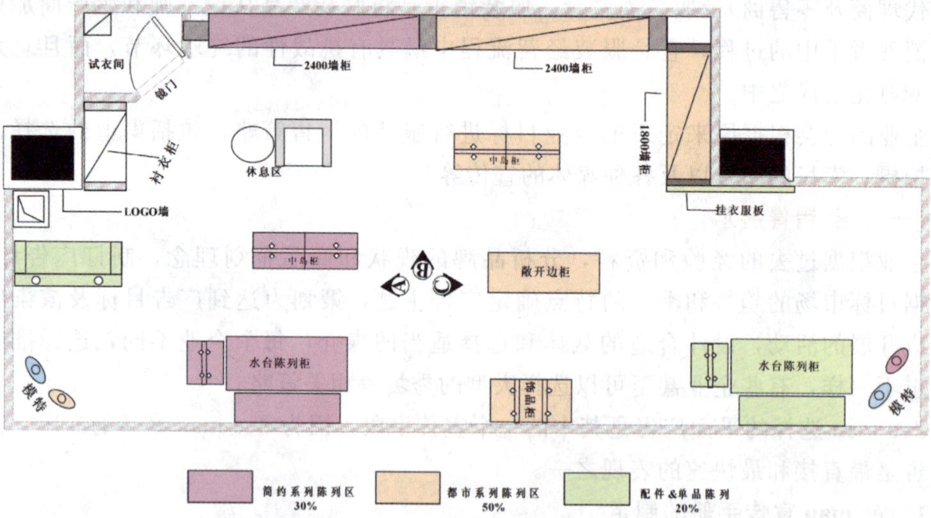

图 3.43　店铺的合理空间布局能更好地展示新一季度产品

同时为了有效地陈列展示，充分利用各种陈列小器具，如挂架、衣架、半身人台模型、全身人台模型等(如图 3.44)。

Zee man 做展示前，店铺做了以下几点规划：

(1)利用店铺空间进行了路线诱导的布置。

(2)整体卖场展示，采用了半包围、半封闭的形式将店内空间进行分隔。

(3)商品陈列严谨但同时不失随和。

(4)进入店铺时整体一目了然。

图 3.44　Zee Man 2008 春夏产品卖场陈列效果

(二)收集市场反馈信息

在成衣企业，销售的情况一直由销售部监督，每个月都会进行详细的总结。销售是企业的生命线，而唯一能够说明业绩的只有数据，所以一切都是以数据来判断设计和生产等。数据是由每个店铺和批发的档口统计上来的，同时销售部门还会到各个店铺了解相关的情况，及时将各种存在或者将会出现的问题，进行整改和预防，保证季度销售业绩。

对于销售中出现的款式存在的问题，店铺是第一时间收到信息。终端店铺是为公司利益把关的环节，而作为终端店铺的基本职责，首先是要迅速销售产品，实现价值；其次做到公司承诺售后服务，维护公司形象；再者把相关的问题收集整理，向上级反馈。

收集市场信息反馈的主要作用：

(1)可以清楚产品销售过程的速度和产生的利润。

(2)可以知道系列产品的优点和缺陷。

(3)可以及时为公司提供消费者数据，以作调整。

以下即为Zee man女装在季度产品开发前所收集到的各项市场信息反馈数据表。

表3.6 Zee man公司2007春夏店铺货品反馈单

系列	款号	尺码统计	纽扣统计	实际进货数	销售数量	销售额	售罄率	折扣率
衬衣	AP1-7WM515	尺码偏大，一般170-175cm较瘦顾客穿M码都偏大		400	172	187835	43%	66%
衬衣	AP1-7WM508	身长的尺寸偏长	衣服下摆纽扣易脱落	351	156	197354	44%	62%
衬衣	AP1-7WM513	袖子偏长	门襟扣子易脱落	325	274	317691	84%	70%
中裙	AP1-7WM516	M尺码偏大，L码穿显得肥		660	575	736024	87%	69%
中裙	AP1-7WM556	尺码偏大，束腰拉绳效果不明显		499	292	476693	59%	67%
衬衣	AP1-7WM509		前襟纽扣易脱落，纽扣线头外露	312	134	165772	43%	67%
T恤长装	AP1-7FM479		胸前纽扣容易脱落	354	270	336129	76%	75%
T恤长装	AP1-7FM505		前襟纽扣易脱落	289	75	79429	26%	64%

续表

系列	款号	尺码统计	纽扣统计	实际进货数	销售数量	销售额	售罄率	折扣率
衬衣	AP1-7FM504		前襟纽扣易脱落	299	192	194866	64%	75%
只有部分区域的反映								
衬衣	AP1-7WM510	成都，重庆反映尺码偏大	领子的扣环和扣子易脱落	290	139	152281	48%	66%
中裙	AP1-7WM511	华北反映偏瘦		397	219	286403	55%	48%

表 3.7　Zee man 公司 2007 春夏店铺货品反馈单

系列	款号	进货比例						销售比例					
		46/XS	48/S	50/M	52/L	54/XL	XXL	46/XS	48/S	50/M	52/L	54/XL	XXL
衬衣	AP1-7WM515			25%	34%	25%	16%			38%	36%	18%	8%
衬衣	AP1-7WM508			25%	35%	25%	15%			31%	35%	22%	12%
衬衣	AP1-7WM513			25%	34%	25%	15%			27%	35%	24%	15%
中裙	AP1-7WM516			25%	24%	25%	15%			27%	38%	22%	13%
中裙	AP1-7WM556	13%	26%	29%	22%	10%		17%	34%	27%	16%	7%	
衬衣	AP1-7WM509			25%	35%	25%	15%			22%	42%	25%	12%
T恤长装	AP1-7FM479	14%	26%	30%	20%	10%		16%	27%	30%	17%	9%	
T恤长装	AP1-7FM505	14%	26%	30%	20%	10%		19%	44%	20%	11%	7%	
衬衣	AP1-7FM504	14%	26%	30%	20%	10%		17%	28%	33%	14%	9%	

表 3.8　Zee man 公司 2007 春夏店铺货品反馈单

款号	尺码统计	纽扣统计
AP1-7WM515A	XL 码偏大	右口袋按钮脱落
AP1-7WM515A	M 号太大，袖子太长，身体肥大	
AP1-7WM515A	尺码太大，袖子太长，身体肥大	
AP1-7WM515A	尺码偏大，一般 170-175cm 较瘦顾客穿 M 码都偏大	拉链不好拉
AP1-7WM510		领子的扣环和扣子易脱落
AP1-7WM510		领子的扣环和扣子易脱落
AP1-7WM510	尺码偏大，希望加 S 号	

续表

款号	尺码统计	纽扣统计
AP1-7WM510	尺码偏大，太长	
AP1-7WM510	偏瘦，175cm左右偏胖穿L号偏小，穿XL太长	
AP1-7WM511		备用扣都没有
AP1-7WM511	尺码偏小偏瘦	
AP1-7WM511	尺码偏瘦	
AP1-7WM511	款瘦但袖长	
AP1-7WM511		袖口纽扣易脱落
AP1-7WM512	袖子偏长	袖口纽扣(底座的铜扣)易脱落
AP1-7WM512	修身效果，但穿起来感觉太紧	
AP1-7WM514A		前方下角按钮脱落现象严重
AP1-7WM514A		前方下角按钮脱落现象严重
AP1-7WM508A		前拉链边的按钮脱落
AP1-7WM508	M-XXL袖长和身长都偏大	
AP1-7WM508A	偏长，但XXL不够宽	
AP1-7WM508A	偏长，但XXL不够宽	前襟最下方纽扣易掉落
AP1-7WM513	M码偏大，穿L号人都可以穿，穿M号显得肥大	
AP1-7WM516	版型偏大，有S号销售更好	
AP1-7WM516	M-XXL全套尺码偏大	
AP1-7WM516		里腰的拉绳无效果
AP1-7FM464	尺码偏小偏瘦	胸前纽扣容易脱落
AP1-7WM555	偏大，整体比其他款大	
AP1-7WM556	款型大，肩部宽，顾客很少试穿L号以上尺码	
AP1-7WM556	尺码偏大	前襟纽扣易脱落
AP1-7WM556	偏大，束腰的效果不明显	
AP1-7WM509A		纽扣线头外露，一扯即整体脱落
AP1-7WM512		门襟最下面的纽扣 (底座的铜扣)易脱落
AP1-7WM512	肩宽但袖长	
AP1-7FM506		前帽纽扣易脱落
AP1-7WM504		前襟和袖口纽扣易脱落
AP1-7WM504		前襟纽扣易脱落

成功的成衣企业经营已经不是一朝一夕的事，每一个成衣企业运作的流程基本是类似的，要了解整个流程环节的制定并不是非常的困难，困难的是要一个团队进行有效的协作运行。

作为一个设计师，除了发挥自己个性和精湛的专业技能以外，更需要学习的是与整个团队的配合。设计师清楚自己的工作范围外，还要了解整个公司品牌的运作流程，对工作是可以起到一定的帮助，而现在的社会除了需要专业技能精湛的技术人才以外，也同样需要能够把握整个流程运作的管理人才。

第四单元 附 录

成衣检测的国内国际标准

服装类产品检测项目简介

产品名称	标准编号	主要检验项目	送样要求
皮革服装	QB/T 1615－2006	外观检验(尺寸偏差、缝制质量、外观质量、标识)	外观检验 3 件
皮腰带	QB/T 1618－2006	外观检测，摩擦色牢度，带体断裂力，带孔撕裂力，带扣咬合力，带齿咬合力，折裂性能	外观检验 3 条
衬衫	GB/T 2660－1999	外观检验(尺寸偏差、缝制质量、外观质量、标识)，水洗收缩率，水洗后起皱级差，缝口纰裂程度，甲醛含量	外观检验 10 件，水洗 3 件
棉服装	GB/T 2662－1999	外观检验(尺寸偏差、缝制质量、外观质量、标识)，缝口纰裂程度，甲醛含量，耐洗色牢度，耐摩擦色牢度	外观检验 10 件
男西服、大衣	GB/T 2664－2001	外观检验(尺寸偏差、缝制质量、外观质量、标识)，干洗收缩率，干洗后起皱级差，缝口纰裂程度，黏合衬剥离强力，起球，甲醛含量，耐干洗色牢度，耐摩擦色牢度	外观检验 10 件，干洗 3 件
女西服、大衣	GB/T 2665－2001	外观检验(尺寸偏差、缝制质量、外观质量、标识)，干洗收缩率，干洗后起皱级差，缝口纰裂程度，黏合衬剥离强力，起球，甲醛含量，耐干洗色牢度，耐摩擦色牢度	外观检验 10 件，干洗 3 件
男、女西裤	GB/T 2666－2001	外观检验(尺寸偏差、缝制质量、外观质量、标识)，干洗收缩率，缝口纰裂程度，后裆缝缝接强力，起球，甲醛含量，耐干洗色牢度，耐摩擦色牢度	外观检验 10 件，干洗 3 件
毛皮服装	QB/T 2822－2006	号型规格＼辅料配件＼缝制要求＼外观质量，原料性能、禁用偶氮染料、甲醛含量	外观检验 3 件
机织腰带	FZ/T 63005－1993	外观质量，长度，宽度，纬密，扣合力	外观检验 3 条
松紧带	FZ/T 63006－1996	外观质量，长度，宽度，伸长比	

续表

产品名称	标准编号	主要检验项目	送样要求
睡衣套	FZ/T 81001－2007	外观检验(尺寸偏差、缝制质量、外观质量、标识)，缩水率，后裆缝缝接强力，耐洗色牢度，耐摩擦色牢度	外观检验10件
儿童服装、学生服	FZ/T 81003－2003	外观检验(尺寸偏差、缝制质量、外观质量、标识)，干洗收缩率，干洗后起皱级差，缩水率，缝口纰裂程度，后裆缝缝接强力，黏合衬剥离强力，起球，甲醛含量，pH值，耐干洗色牢度，耐水洗色牢度，耐摩擦色牢度，耐光色牢度，耐汗渍色牢度，耐唾液色牢度(婴儿服装)	外观检验10件，干洗（或水洗）3件
连衣裙，裙套	FZ/T 81004－2003	外观检验(尺寸偏差、缝制质量、外观质量、标识)，水洗尺寸变化率，干洗尺寸变化率，剥离强度，起毛起球，缝口纰裂程度，甲醛含量，pH值，原料的成分和含量，耐干洗色牢度，耐洗色牢度，耐摩擦色牢度，耐光色牢度，耐汗渍色牢度	外观检验10件，水洗3件
牛仔服装	FZ/T 81006－2007	外观检验(尺寸偏差、缝制质量、外观质量、标识)	外观检验10件，水洗3件
单、夹服装	FZ/T 81007－2003	外观检验(尺寸偏差、缝制质量、外观质量、标识)，水洗尺寸变化率，干洗尺寸变化率，剥离强度，起毛起球，缝口纰裂程度，后档缝缝接强力，甲醛含量，pH值，料的成分和含量，耐干洗色牢度，耐洗色牢度，耐摩擦色牢度，耐光色牢度，耐汗渍色牢度	外观检验10件，水洗3件
茄克衫	FZ/T 81008－2004	外观检验(尺寸偏差、缝制质量、外观质量、标识)	外观检验10件，干洗（或水洗）3件
人造毛皮服装	FZ/T 81009－1994	外观检验(尺寸偏差、缝制质量、外观质量、标识)	外观检验10件
风雨衣	FZ/T 81010－2001	外观检验(尺寸偏差、缝制质量、外观质量、标识)，干洗收缩率，干洗后起皱级差，接缝强力，缝口纰裂程度，黏合衬剥离强力，起球，甲醛含量，耐干洗色牢度，耐水洗色牢度，耐摩擦色牢度，耐光色牢度，耐汗渍色牢度	外观检验10件，干洗3件
领带	FZ/T 81011－1999	外观检验(尺寸及造型偏差、缝制质量、外观质量、标识)，耐汗渍色牢度，耐熨烫(热压)色牢度，耐摩擦色牢度	外观检验10条

续表

产品名称	标准编号	主要检验项目	送样要求
围巾、披肩	FZ/T 81012－2006	外观检验（尺寸及造型偏差、缝制质量、外观质量、标识），纤维含量、甲醛、pH 值、异味、可分解芳香胺，水洗尺寸变化率，干洗尺寸变化率，耐洗色牢度、耐干洗色牢度、耐唾液色牢度、耐水色牢度、耐光色牢度、耐汗渍色牢度，撕破强力	外观检验 10 条，水洗 2 条
缝制帽	FZ/T 82002－2006	使用说明/规格＼拼接＼色差＼缝制＼外观整烫、耐洗色牢度、耐干洗色牢度	外观检验 10 件
丝绸服装	GB/T 18132－2000	外观检测（尺寸偏差、缝制质量、外观疵点、标识），耐洗色牢度，耐汗渍色牢度，水洗尺寸变化率，纰裂，剥离强度，甲醛含量，整烫外观	外观检验 10 件，水洗 3 件
丝绸围巾	FZ/T 43014－2001	外观检验（尺寸偏差、缝制质量、外观疵点、标识），耐洗色牢度，耐水色牢度，耐汗渍色牢度，耐摩擦色牢度，耐光色牢度，水洗尺寸变化率，甲醛含量	外观检验 10 条，水洗 3 件
羽绒服装	GB/T 14272－2002	外观检验（尺寸偏差、缝制质量、外观质量、标识），耐洗色牢度，耐摩擦色牢度，耐光色牢度，缝口纰裂程度，甲醛含量，pH 值	外观检验 10 件

纺织品、服装面料及成品常规检测项目简介

项目名称	国内测试方法标准编号	国外主要测试标准编号	备注
强力			
断裂强力	GB/T3923.1（条样法） GB/T3923.2（抓样法）	ISO 13934.1（条样法） ISO 13934.2（抓样法） ASTM D 5034（抓样法） ASTM D 5035（条样法） BS2576（条样法） DIN 53857.1（条样法） DIN 53858（抓样法） JIS L 1096 WOOLMARK TM 4	
撕破强力	GB/T3917.1（摆锤法） GB/T3917.2（单舌法） GB/T3917.3（梯形法）	ISO9290（落锤法） ASTM D 1424（落锤法） ASTM D 2261（舌形法） ASTM D 5587（梯形法） BS 3424 Pt.5 DIN 53859.1－5 JIS L 1096 WOOLMARK TM 172	适用于机织物

续表

项目名称	国内测试方法标准编号	国外主要测试标准编号	备注
顶破强力	(针织品产品标准中规定)	ASTM D 3787(CRT 型拉伸仪球形顶破试验)	适用于针织品
胀破强度	GB/T 7742	ISO 13938.1 ASTM D 3786 BS 4768 WOOLMARK TM 29	适用于针织品
接缝强力	GB//T 13773	ISO 13935.1 ISO 13935.2 ASTM D 1683	适用于机织物
滑移	GB/T 13772.1 (缝口纰裂程度按各式服装标准测试)	ASTM D 434 BS 3320 WOOLMARK TM 117	适用于机织物
起毛起球、耐磨、钩丝			
起毛起球	GB/T 4802.1(圆轨迹法) GB/T 4802.2(马丁代尔法) GB/T 4802.3(起球箱法)	ISO 12945.1(起球箱法) ISO 12945.1(马丁代尔法) ASTM D 4972(马丁代尔法) ASTM D 3512(乱翻仪法) BS 5811(起球箱法) DIN 53867(乱翻仪法)	
耐磨	GB/T 13775(马丁代尔法) FZ/T 20020(马丁代尔法)	ISO 12947.2(马丁代尔法—试样破裂测定) ISO 12947.3(马丁代尔法—质量损失测定) ISO 12947.4(马丁代尔法—试样外观变化测定) ASTM D 4966(马丁代尔仪法) ASTM D 4970(马丁代尔压力试验仪法) AATCC 93(快速仪法) DIN 53863.3 DIN 53863.4	
钩丝		ASTM D 5362(珠枕法)	
水洗、干洗			
水洗尺寸变化率	GB/T 8629 GB/T 8631 GB/T 8632 FZ/T 70009 (毛针织品)	ISO 6330 ISO 675 ISO 7771 AATCC 96 AATCC 99 AATCC 155 AATCC 150 BS EN 26330	
干洗尺寸变化率	FZ/T 80007.3	AATCC 158	

续表

项目名称	国内测试方法标准编号	国外主要测试标准编号	备注
化验类			
纤维含量	FZ/T 01057.1—11 GB/T 2910 GB/T 2911 FZ/T 01026 GB/T16988 FZ/T 01095	ISO 1833 ISO 5088 ASTM D 276 ASTM D 629 AATCC 20，20A WOOLMARK TM 155	
甲醛含量	GB/T 2912.1	ISO 14184.1 BS 6806	
pH 值	GB/T 7573	ISO 3071 AATCC 81	
禁用偶氮染料	GB/T 17592.1 GB/T 17592.2	OeKo-Tex 200	
重金属残留	GB/T 17593	OeKo-Tex 200	
染色牢度			
耐光色牢度	GB/T 8427	ISO 105-B02 AATCC 16	
耐洗色牢度	GB/T 3921.1—5 GB/T 12490	ISO 105-C01—C06 AATCC 61	
耐摩擦色牢度	GB/T 3920	ISO 105-X12 AATCC 8	
耐汗渍色牢度	GB/T 3922	ISO 105-E04 AATCC 15	
耐水色牢度	GB/T 5713	ISO 105-E01 AATCC 107	
耐干洗色牢度	GB/T 5711	ISO 105-D01 AATCC 132	
耐海水色牢度	GB/T 5714	ISO 105-E02 AATCC 106	
耐氯化水色牢度（游泳池水）	GB/T 8433	ISO 105-E03	
耐热压色牢度	GB/T 6152	ISO 105-X11 AATCC 133	
耐刷洗色牢度	GB/T 420	ISO 107-C07	
耐光、汗渍复合色牢度	GB/T 14576		
耐唾液色牢度	GB/T 18886		

针织品、复制品类检测项目简介

产品名称	标准编号	主要检验项目	送样要求
棉针织内衣	GB/T 8878-2002	顶破强力，纤维含量，甲醛含量，pH 值，水洗尺寸变化率，耐洗色牢度，耐摩擦色牢度，耐汗渍色牢度，外观质量	内在质量 4 件，外观质量 20 件(每种规格不少于 5 件)
桑蚕丝针织服装	FZ/T 43015-2001	顶破强力，水洗尺寸变化率，平方米干燥重量，耐洗色牢度，耐汗渍色牢度，耐摩擦色牢度，耐光色牢度，耐水色牢度，甲醛含量，pH 值，纤维含量，外观质量	内在质量 4 件，外观质量 20 件(每种规格不少于 5 件)
袜子	FZ/T 73001-2004	纤维含量，甲醛，pH 值，横向延伸，耐洗色牢度，耐汗渍色牢度，耐摩擦色牢度，外观质量	外观质量 20 双，横向延伸 10 双，色牢度每色分别 1 双
针织帽	FZ/T 73002-2006	外观质量，成品沾色牢度，耐洗色牢度，耐汗渍色牢度，耐摩擦色牢度	外观质量 10 顶
低含毛混纺及仿毛针织品	FZ/T 73005-2002	纤维含量，起球，松弛尺寸变化率，单件重量，耐光色牢度，耐洗色牢度，耐汗渍色牢度，耐水色牢度，耐摩擦色牢度，外观质量	内在质量 2 件，外观质量 20 件(每种规格不少于 5 件)
腈纶针织内衣	FZ/T 73006-1995	外观检验(尺寸偏差、缝制质量、外观质量、标识)，重量，顶破强力，水洗尺寸变化率，耐光色牢度，耐汗渍色牢度，耐摩擦色牢度	内在质量 4 件，外观质量 20 件(每种规格不少于 5 件)
针织运动服	FZ/T 73007-2002	顶破强力，水洗尺寸变化率，水洗后扭曲率，耐洗色牢度，耐汗渍色牢度，耐摩擦色牢度，耐光汗复合色牢度，起球，甲醛含量，pH 值，纤维含量，外观质量	内在质量 4 件，外观质量 20 件(每种规格不少于 5 件)
针织 T 恤衫	FZ/T 73008-2002	顶破强力，水洗尺寸变化率，水洗后扭曲率，耐洗色牢度，耐汗渍色牢度，耐摩擦色牢度，耐光汗复合色牢度，起球，甲醛含量，pH 值，纤维含量，外观质量	内在质量 4 件，外观质量 20 件(每种规格不少于 5 件)

续表

产品名称	标准编号	主要检验项目	送样要求
羊绒针织品	FZ/T 73009-1997	外观检验(尺寸偏差、缝制质量、外观质量、标识)，顶破强力，羊绒含量，单件重量偏差率，编织密度，起球，二氯甲烷可溶性物质，松弛收缩，耐光色牢度，耐洗色牢度，耐汗渍色牢度，耐水色牢度，耐摩擦色牢度	内在质量4件，外观质量20件(每种规格不少于5件)
针织工艺衫	FZ/T 73010-1998	纤维含量，单件重量，水洗尺寸变化率，耐洗色牢度，耐汗渍色牢度，耐摩擦色牢度，外观质量	内在质量4件，外观质量20件(每种规格不少于5件)
针织腹带	FZ/T 73011-2004	纤维含量，甲醛，pH值，拉伸弹性回复率，耐洗色牢度，耐汗渍色牢度，耐摩擦色牢度，外观质量	
文胸	FZ/T 73012-2004	纤维含量，甲醛，pH值，横向延伸，耐洗色牢度，耐汗渍色牢度，耐摩擦色牢度，外观质量	成品10个，所用布料30cm×30cm
针织泳装	FZ/T 73013-2004	纤维含量，甲醛，pH值，拉伸弹性伸长率，耐氯化水拉伸弹性回复率，耐氯化水色牢度，耐洗色牢度，耐海水色牢度，耐光色牢度，外观质量	内在质量4件，外观质量20件(每种规格不少于5件)
粗梳牦牛绒针织品	FZ/T 73014- 1999	纤维含量，顶破强度，起球，含油脂率，单件重量偏差，松弛收缩，耐光色牢度，耐水色牢度，耐洗渍色牢度，耐摩擦色牢度，耐汗色牢度，外观质量	内在质量4件，外观质量20件(每种规格不少于5件)
针织保暖内衣絮片类	FZ/T 73016-2000	保暖率，干燥重量，透气率，透湿量，起球，顶破强力，水洗尺寸变化率，弹性伸长率及回复率，甲醛含量，纤维含量，耐洗色牢度，耐汗渍色牢度，耐摩擦色牢度，外观质量	外观质量20件 针织保暖内衣絮片类
针织睡衣	FZ/T 73017-2000	顶破强力，水洗尺寸变化率，耐洗色牢度，耐汗渍色牢度，耐摩擦色牢度，甲醛含量，纤维含量，外观质量	内在质量3件，外观质量20件(每种规格不少于5件)

续表

产品名称	标准编号	主要检验项目	送样要求
毛针织品	FZ/T 73018-2002	纤维含量，胀破强度，编织密度系数，起球，含油脂率，单件重量，松弛尺寸变化率，毡化尺寸变化率，耐光色牢度，耐洗色牢度，耐水色牢度，耐汗渍色牢度，耐摩擦色牢度，外观质量	内在质量 2 件，外观质量 20 件(每种规格不少于 5 件)
针织塑身内衣弹力型	FZ/T 73019.1-2004	顶破强力，水洗尺寸变化率，耐洗色牢度，耐汗渍色牢度，耐摩擦色牢度，甲醛含量，pH 值，纤维含量，外观质量	内在质量 4 件，外观质量 20 件(每种规格不少于 5 件)
针织塑身内衣调整型	FZ/T 73019.2-2004	接缝强力，拉伸弹性回复率，耐洗色牢度，耐汗渍色牢度，耐摩擦色牢度，甲醛含量，pH 值，纤维含量，外观质量	内在质量 4 件，外观质量 20 件(每种规格不少于 5 件)
针织休闲服装	FZ/T 73020-2004	顶破强力，水洗尺寸变化率，水洗后扭曲率，耐洗色牢度，耐汗渍色牢度，耐摩擦色牢度，耐光色牢度，起球，甲醛含量，pH 值，纤维含量，外观质量	内在质量 4 件，外观质量 20 件(每种规格不少于 5 件)
针织学生服	FZ/T 73021-2004	顶破强力，接缝强力，水洗尺寸变化率，水洗后扭曲率，耐洗色牢度，耐汗渍色牢度，耐摩擦色牢度，耐光、汗复合色牢度，起球，甲醛含量，pH 值，纤维含量，外观质量	内在质量 4 件，外观质量 20 件(每种规格不少于 5 件)
针织保暖内衣	FZ/T 73022-2004	顶破强力，保温性，透气性，水洗尺寸变化率，耐洗色牢度，耐汗渍色牢度，耐摩擦色牢度，起球，甲醛含量，pH 值，纤维含量，外观质量	内在质量 4 件，外观质量 20 件(每种规格不少于 5 件)
化纤针织内衣	FZ/T 73024-2006	外观检验(尺寸偏差、缝制质量、外观质量、标识)，顶破强力，水洗尺寸变化率，耐洗(含涂料印花)色牢度，耐摩擦(含涂料印花)色牢度，耐汗渍色牢度，耐水色牢度，起球，甲醛，pH 值，纤维含量，异味，可分解芳香胺	内在质量 4 件，外观质量 20 件(每种规格不少于 5 件)

续表

产品名称	标准编号	主要检验项目	送样要求
婴幼儿针织服饰	FZ/T 73025-2006	外观检验(尺寸偏差、缝制质量、外观质量、标识)，缝纫强力，水洗尺寸变化率，耐洗(含涂料印花)色牢度，耐摩擦(含涂料印花)色牢度，耐酸、碱汗渍色牢度，耐水色牢度，耐唾液色牢度，甲醛，pH值，纤维含量，异味，可分解芳香胺	内在质量4件，外观质量20件(每种规格不少于5件)
针织套裙	FZ/T 73026-2006	外观检验(尺寸偏差、缝制质量、外观质量、标识)，顶破强力，接缝强力，水洗尺寸变化率，水洗后扭曲率，耐洗(含涂料印花)色牢度，耐摩擦(含涂料印花)色牢度，耐汗渍色牢度，耐水色牢度，耐干洗色牢度，耐光色牢度，起球，甲醛，pH值，异味，纤维含量	内在质量4件，外观质量20件(每种规格不少于5件)
针织天鹅绒面料	FZ/T 72003-2006	纤维含量，平方米干燥重量偏差，顶破强力，水洗尺寸变化率，耐洗色牢度，耐汗渍色牢度，耐摩擦色牢度，外观质量	全幅1米
针织胚布	FZ/T 72004.1-2000	纤维含量，平方米干燥重量偏差，顶破强力，外观质量	全幅1米
针织成品布	FZ/T 72004.2-2000	内在质量：纤维含量，干燥重量，顶破强力，缩水率，耐洗色牢度，耐汗渍色牢度，耐摩擦色牢度	全幅1米
涤纶针织面料	FZ/T 72001-1992	内在质量：干燥重量，顶破强力，缩水率，耐洗色牢度，耐汗渍色牢度，耐摩擦色牢度	全幅1米
毛条喂入式针织人造毛皮	FZ/T 72002-2006	幅宽，单位面积质量，断裂强度，顶破强力，脱毛量，缩水率，耐洗色牢度，耐干洗色牢度，耐摩擦色牢度，耐光色牢度	

续表

产品名称	标准编号	主要检验项目	送样要求
针织牛仔布	FZ/T 72008-2006	幅宽，单位面积质量，纤维含量，干燥重量，顶破强力，水洗尺寸变化率，纤维含量，甲醛，pH 值，可分解芳香胺，异味	全幅 1 米
纯毛、毛混纺毛毯	FZ/T 61001-2006	条重偏差，断裂强度，缩水率，脱毛量，纤维含量，耐光色牢度，耐水色牢度，耐洗色牢度，耐摩擦色牢度，含油率，外观质量	外观质量 20 张，其他项目 1 张
化纤仿毛毛毯	FZ/T 61002-2006	长度，宽度，条重偏差，断裂强度，水洗尺寸变化率，纤维含量，耐光色牢度，耐洗色牢度，耐摩擦色牢度，外观质量	外观质量 20 张，其他项目 1 张
拉舍尔毯	FZ/T 61004-2006	长度，宽度，条重偏差，断裂强度，缩水率，脱毛量，纤维含量，耐光色牢度，耐洗色牢度，耐水色牢度，耐摩擦色牢度，外观质量	外观质量 20 张，其他项目 1 张
线毯	FZ/T 61005-2006	长度，宽度，条重偏差，顶破强力，水洗尺寸变化率，耐光色牢度，耐洗色牢度，耐摩擦色牢度，纤维含量	外观质量 20 张，其他项目 1 张
纬编晴纶毛毯	FZ/T 61006-2006	长度，宽度，条重偏差，断裂强度，水洗尺寸变化率，纤维含量，脱毛量，耐光色牢度，耐洗色牢度，耐摩擦色牢度，耐干洗色牢度	外观质量 20 张，其他项目 1 张
手帕	FZ/T 62003-2006	密度，断裂强度，耐洗色牢度，耐摩擦色牢度	外观质量 20 条，内在质量 2 条
被、被套	FZ/T 62005-2003	缩水率，断裂强力，密度，耐洗色牢度，耐摩擦色牢度，规格尺寸，外观质量	外观质量 40 张
毛巾	FZ/T 62006-2004	纤维含量，重量，断裂强力，吸水性，耐洗色牢度，耐摩擦色牢度，外观质量	毛巾被外观 20 条，面巾、方巾外观 32 条

续表

产品名称	标准编号	主要检验项目	送样要求
床单	FZ/T 62007-2003	密度，重量，断裂强力，水洗尺寸变化率，起球，耐洗色牢度，耐汗渍色牢度，耐摩擦色牢度，耐光色牢度，外观质量	外观质量 20 张，内在质量 2 张
枕、垫类产品	FZ/T 62009-2003	纤维含量，填充物质量偏差，面料断裂强力，水洗尺寸变化率，面料起球性能，耐洗色牢度，耐干洗色牢度，耐摩擦色牢度，耐汗渍色牢度，耐光色牢度，外观质量	至少一个
配套床上用品	FZ/T 62010-2003	内在质量，多层复合床罩内在质量，单层床罩内在质量，等级，色差，外观质量	至少一套
亚麻凉席	FZ/T 33008-1999	条重偏差率，断裂强力，水洗尺寸变化率，耐水色牢度，耐洗色牢度，耐汗渍色牢度，耐摩擦色牢度，耐热压色牢度，外观质量	外观质量 20 张，内在质量 2 张

参考书目及文献

【1】Rita Perna 著．流行趋势．李宏伟、王倩梅、洪瑞磷译．北京：中国纺织出版社．2000
【2】林松涛．成衣设计．北京：中国纺织出版社．2005
【3】庄立新．成衣品牌与商品企划．北京：中国纺织出版社．2003
【4】周文杰．男装设计．浙江：浙江人民美术出版社．2005
【5】韩阳．卖场陈列设计．北京：中国纺织出版社．2006
【6】李俊主编．服装商品企划学．北京：中国纺织出版社．2005
【7】周启凤．现代服装设计师综合素质分析．中国市场 2008 年 3 月第 32 期

图片出处：

【1】穿针引线服装论坛：www.eeff.net。
【2】广州市铭利服装有限公司。
【3】广东女子职业技术学院学生作品。
【4】广州美术学院学生作品。